生物化学教学设计与高效学习

冀芦沙　曹雪松　郭尚敬　主编

U0287362

科学出版社

北京

内 容 简 介

如何教好、学好生物化学？如何进行翻转课堂、MOOC 设计？

本书是编者团队依托生物化学课程翻转课堂教学而设计的一部教学辅助参考书。本书结构体系围绕本书编者所著《生物化学精要》教材的章节框架，以生物化学课程章节的难点为选题点，设计了 36 个主题，内容囊括了生物化学课程的重要章节。本书旨在以翻转课堂的教学形式，引入现代生物学前沿知识与诺贝尔奖获得者的案例，用生物化学原理分析问题，将科研与教学相结合。在体例上将教学设计表格化，适应理科生的逻辑思维方式；课程内容问题化，以问题的形式启发思维；课程参考文献化，每个主题设计都有国内外最新的参考文献和教材出处，使教学过程有据可查。全书内容主题适合高年级本科生或高校研究生从事生物化学的学习，有助于学生将生物化学的研究成果、逻辑思维和研究方法渗透到本专业的研究之中，以充实专业研究内容、开拓新的研究领域。本书配有齐备的在线开放课程资源，可登录 www.coursegate.cn 浏览学习。

本书适合生物学、农学、化学、制药、材料、环境、医学、药学、食品等有关专业本科生学习，也可作为相关专业研究生及科研和工程技术人员的参考用书。

图书在版编目（CIP）数据

生物化学教学设计与高效学习 / 冀芦沙，曹雪松，郭尚敬主编. —北京：科学出版社，2018.4

ISBN 978-7-03-055894-7

Ⅰ．①生… Ⅱ．①冀… ②曹… ③郭… Ⅲ．①生物化学–教学设计
Ⅳ．①Q5

中国版本图书馆 CIP 数据核字（2017）第 306268 号

责任编辑：刘　畅 / 责任校对：王晓茜
责任印制：吴兆东 / 封面设计：铭轩堂

科 学 出 版 社 出版
北京东黄城根北街 16 号
邮政编码：100717
http://www.sciencep.com

北京捷迅佳彩印刷有限公司 印刷
科学出版社发行　各地新华书店经销
*

2018 年 4 月第 一 版　开本：720 × 1000　1/16
2019 年 10 月第三次印刷　印张：10 1/4
字数：206 000

定价：49.00 元
（如有印装质量问题，我社负责调换）

《生物化学教学设计与高效学习》编委会名单

主　　编　冀芦沙　曹雪松　郭尚敬

副 主 编　张　扬　王圣惠　褚鹏飞　范树泉

参　　编（按姓氏笔画排序）

王晓云　王琪琳　齐胜东　闫　康

李　菡　李燕洁　赵　欣　贾泽峰

郭恒俊

前　言

随着互联网与高等教育结合的大规模开放在线课程——慕课（massive open online course，MOOC）在世界高等教育领域的迅猛发展，国家着力推动我国大规模开放的在线课程建设走上具有中国特色的可持续发展道路，为高校师生和社会大众提供更多优质课程资源和学习服务。本书是聊城大学生命科学学院生物化学教学团队在我国MOOC混合课程建设模式和教学方法研究的基础上，整合优质的线上教育资源和线下教师，围绕生物科学类专业的培养目标，结合后续课程和本专业本科生考取研究生的需要，围绕实际生活对知识、能力和素质的要求，合理取舍生物化学教学内容，确定教学模块。根据教学内容，采用翻转课堂形式，以任务驱动、项目导向等教学方法和多媒体等教学手段，将基础理论与前沿知识进行对接。

本书主要围绕编者主编的《生物化学精要》（书号：978-7-03-052412-6）教材中"第一篇生物大分子的结构与功能；第二篇物质代谢及其调节；第三篇基因信息的传递；第四篇物质运输与细胞信号转导"四个篇章，设计36个教学专题。学生通过系统生物化学训练，不但能掌握生物化学基本科学素养，而且可以锻炼灵活运用本门知识解决其他问题的能力。通过介绍生活实例及学科前沿，从中感受到生物化学的奇妙与乐趣。

本书主要有以下三个特点。

（一）教学内容专题化

基本理论知识"模块"化学习，其中**生物大分子的结构与功能**主要为解决基础生物化学课程中知识难点问题设立专题，分析解决课程重难点。**物质代谢及调节模块**主要从生物实际出发，围绕实际案例结合生物化学原理进行分析，激发学生学习兴趣。**遗传信息传递模块**围绕遗传物质信息传递过程，结合诺贝尔奖得奖原理确立内容专题，用生物化学原理解析诺贝尔奖。**生物化学前沿知识模块**围绕学科最新的研究进展，用生物化学原理分析学科前沿。

（二）教学设计结构化

本书以教学设计形式编写，目的是为同行业内教师提供一个参考版本，在教学设计的选择上更直观。教学主题明确，重点和难点突出，教学过程设计结构清晰，学生通过参与课程学习，加强心理认知规律和知识结构化、框架化、网络化训练，提高分析问题、解决问题的综合能力。

（三）教学方式问题化

教学方式以问题为导向，结合生物学探究性教学方式，培养学生发现问题、提出问题、分析问题、设计实验、得出结论的生物学科学素养。学生通过学习本课程，能培养认真、严谨、创新的科学作风和良好的科学探索精神，同时提高逻辑思维能力和对生物化学研究的兴趣。学生可养成对科学的认真态度及拥有努力攀登科学技术高峰的积极进取精神。

本书得到了山东省本科教学改革研究立项项目面上项目"《生物化学》在线课程建设"（K2016M029）、"山东省自然科学基金面上项目"（ZR2017CM009）、山东省研究生教育优质课程建设项目"高级生物化学"（鲁学位〔2017〕1号）的支持。

本书结合了科学出版社中科云教育平台线上课程"（高级）生物化学"，以方便教师教学和学生自学，可登录 www.coursegate.cn 访问学习。

欢迎广大读者关注并使用本书，并提出宝贵意见。

编 者

2018 年 3 月

目　录

学时一　蛋白质结构中原子间相互作用方式

课时来源	第一章　蛋白质生物化学
教学内容	1. 氨基酸是组成蛋白质的基本单位 2. 蛋白质结构中原子间相互作用方式
教学目的	1. 掌握稳定蛋白质三维结构的作用力 2. 明确蛋白质侧链基团间的作用力是维持蛋白质空间构象的基础
设计思想	为什么自然界中的生物是丰富多彩、千姿百态的？是哪些物质决定这些生物功能多样性呢？蛋白质是生命活动的执行者，它是生物体内分布最广、含量最为丰富、功能最全的生物大分子物质。因此，蛋白质生物化学的课程质量对于本门课程的教学效果至关重要 　　蛋白质生物化学的教学主要围绕以下两点：一是让学生了解关于以蛋白质为代表的生物大分子，大致学什么、怎么学，然后知道学完这一章节可以收获什么、提高什么；二是让学生爱上学习，进一步让其了解高级生物化学课程的学习思路和基本方法。为了进一步体现高级生物化学课程与基础生物化学课程的区别，在本章的各个教学环节设置中，除了基础生物化学中涉及的基本定义和主要内容外，还特意安排了基本内容延伸和串联环节，增加了实用性内容。在课程设计上，通过高级生物化学中蛋白质结构相关基本理论的掌握，让学生结合1～2个精品案例进行生动说明，体现高级生物化学课程的实用性、科学性、前沿性和趣味性，提高学生的学习兴趣和探索精神 　　要达到这两个目标，重要的是简明扼要、清楚准确、深入浅出地介绍蛋白质生物化学的研究策略和方法，将所学的知识进行尽可能多的整合，培养学生整体思维和解决实际问题的能力。更重要的是，选择与生活实际联系的、有代表性的精品案例，既充满趣味和探究性，又充分体现生物化学的研究策略和研究方法
教学重点	基本知识点 1：氨基酸的类型和理化性质 基本知识点 2：稳定蛋白质三维结构作用力中的二硫键和疏水作用力

教学难点	案例分析中涉及的代表性的研究工作：稳定蛋白质三维结构的作用力 **难点说明**：稳定蛋白质三维结构的作用力是维持蛋白质空间结构的关键，蛋白质折叠过程的本质就是氨基酸残基侧链基团间次级键形成的过程，内容较为抽象，因此学生理解起来比较困难 **解决方法**：采用分析和归纳法。分析案例中组成头发的主要蛋白质类型，以及角蛋白是如何维持空间结构的。通过引入基础生物化学中二硫键的概念，逐步分析维持蛋白质空间结构作用力的类型。提出维持蛋白质三维结构的作用力是维持蛋白质空间结构的关键。逐个分析组成蛋白质的各种类型化学键的特点：肽键、二硫键、氢键、离子键、疏水键和范德瓦耳斯力 结合案例1和2，着重分析维持蛋白质空间结构的化学键的本质就是氨基酸残基侧链基团间次级键的形成。那么这些化学键中哪些对于蛋白质空间结构的维持起到关键作用呢？结合案例2，强调疏水作用力是稳定蛋白质三维结构的主要作用力
教学进程与 方法手段	**教学进程 1**：重点介绍基础知识点，即组成人体蛋白质的常见22种氨基酸的理化性质和分子组成 **课程导入**：蛋白质是生命活动的执行者，聚成蛋白质的基本结构单位是氨基酸 **课程讲授**： 首先，展示蛋白质的分子结构是生物体蛋白质功能的基础。从分子组成总结，蛋白质基本组成单位是氨基酸 其次，通过概括和总结的方法介绍氨基酸的结构通式、氨基酸的分类和特性 在教学策略上，本节课主要强调一条多肽链上所有氨基酸序列固定的排列顺序，组成蛋白质的22种氨基酸之间相互串联形成蛋白质的一级结构——肽链 **教学进程 2**：在归纳和分析部分，突出不同化学键间的内在联系和共性，体现生物化学的贯穿性思维，加深学生的知识层次 **课程导入**：以常见的烫发现象的原理导入新课，将本节课内容与实际生活联系起来，引起学生兴趣 **课程讲授**： 在方法手段上，根据之前课程所学内容归纳维持蛋白质空间结构的化学键的键能和层次，逐个分析组成蛋白质的各种类型化学键的特点（肽键、二硫键、氢键、离子键、疏水作用力和范德瓦耳斯力）

教学进程与方法手段	首先，通过图片展示，讲授共价键与非共价键，让学生掌握共价键与非共价键概念，在此基础上，介绍共价键与非共价键的几种类型，并对它们的键能进行对比，提出"次级键微弱但却是维持蛋白质三级结构中主要的作用力，原因何在？"的问题 其次，通过幻灯片展示，分别讲解二硫键、氢键、离子键、范德瓦耳斯力及疏水作用力。重点强调二硫键是维持蛋白质空间结构的主要作用力，并结合烫发强调蛋白质空间结构上二硫键的重要作用。以氢键是维持蛋白质二级结构的主要作用力为教学重点，通过对 α 螺旋结构中氢键形成，β 折叠片层中氢键形成，β 转角片层的氢键形成三方面进行介绍，使学生掌握氢键是维持蛋白质二级结构的主要作用力。明确疏水作用力是维持蛋白质三维空间结构的关键作用力 最后，以知识结构图形式对本节课所讲授内容加以总结，得出结构与功能相适应的特点，使学生对本节课的内容掌握更加透彻清晰
教学评价与教学检测	**题目 1：组成人体毛发的蛋白质是什么？烫发的原理又是什么** 　　解题思路：组成生物体毛发的蛋白质主要是角蛋白。烫发的方法主要是冷烫，物理性地将头发卷在不同直径与形状的卷芯上，在烫发水的作用下，大约有 45%的二硫键被切断，而变成单硫键。这些单硫键在卷芯直径与形状的影响下，产生挤压而移位，并留下许多空隙。烫发水第二剂中的氧化剂进入发体后，在这些空隙中膨胀变大，使原来的单硫键无法回到原位，而与其他与之相邻的单硫键重新组成一组新的二硫键，使头发中原来的二硫键的角度产生变化，使头发永久变卷 　　**培养学生运用知识的能力，联系生活实际理解知识** **题目 2：蛋白质中疏水作用力主要由何驱动？疏水作用力与温度有何相关性？并解释之** 　　解题思路：疏水作用其实并不是疏水基团之间有吸引力的缘故，而是疏水基团或疏水侧链出自避开水的需要而被迫接近。蛋白质溶液系统的熵增加是疏水作用的主要动力。当疏水化合物或基团进入水中，它周围的水分子将排列成刚性的有序结构，即所谓的笼形结构。疏水作用过程中排列有序的水分子被破坏，这部分水分子被排入自由水中，这样水的混乱度增加，即熵增加，因此疏水作用是熵驱动的自发过程

教学评价与教学检测	疏水作用在生理温度范围内随温度升高而加强，温度的升高与熵增加具有相同的效果，但超过一定的温度后，又趋减弱。因为超过这个温度，疏水基团周围的水分子有序性降低，所以有利于疏水基团进入水中 　　检查学生对疏水性作用力的理解与掌握，培养学生系统掌握知识的能力及逻辑思维能力
学术拓展	**1. 代表性生物化学研究工作 1**：Garret RH，Grisham CM. 1995. Biochemistry. 4th ed. New York：Saunders College Publishing 　　其详细介绍了蛋白质的二级、三级和四级结构 **2. 代表性生物化学研究工作 2**：Mucherino A，Costantini S，Serafino DD，et al. 2008. Understanding the role of the topology in protein folding by computational inverse folding experiments. Computational Biology and Chemistry，32（4）：233-239 　　其详细介绍了蛋白质折叠的拓扑结构和功能 **3. 代表性生物化学研究工作 3**：Webster DM. 2000. Protein Structure Prediction-Methods and Protocols. New Jersey：Humana Press 　　其详细介绍了维持蛋白质空间结构的作用力 **4. 推荐阅读文献**：Wand AJ. 2001. Dynamic activation of protein function：A view emerging from NMR spectroscopy. Nature Structure Biology，8：926-931
主要参考文献	1. 王镜岩. 2002. 生物化学：上册. 3 版. 北京：高等教育出版社：197-250 2. 马文丽. 2014. 生物化学. 2 版. 北京：科学出版社：3-21 3. 张丽萍，杨建雄. 2015. 生物化学简明教程. 5 版. 北京：高等教育出版社：115-156 4. Nelson DL，Cox MM. 2008. Lehninger Principles of Biochemistry. 3rd ed. New York：Worth Publishers 5. Nelson DL，Cox MM. 2000. Lehninger 生物化学原理(中文版). 3 版. 周海梦，昌增益，江凡，等译. 北京：高等教育出版社：134-169

学时二　朊病毒及其致病机理

课时来源	第一章　蛋白质生物化学
教学内容	1. 朊病毒的发现 2. 朊病毒的特征及其结构 3. 朊病毒的致病机理 4. 常见的朊病毒病及预防方法 5. 朊病毒发现的意义
教学目的	1. 掌握朊病毒的定义及特征 2. 掌握朊病毒的结构、转化及其致病机理 3. 了解常见的朊病毒病及预防方法
设计思想	本节课的教学内容是"蛋白质的性质与分离、分析技术"中的部分内容。在教学指导思想上，遵循以学生为主体的原则，在课程组织上充分考虑学生的学习兴趣、思维习惯和认知水平 　　本节课的教学主要围绕以下三点：一是掌握朊病毒的定义及特征，此部分内容要求学生知道朊病毒是一种蛋白质而不是病毒。二是掌握朊病毒的结构、转化及其致病机理，这部分内容是重点讲述内容。利用比较直观形象的图片先让学生对朊病毒的结构有一个直观的印象，再详细讲述其结构转化和致病机理，结合图片进行说明，可以让学生更好地理解结构与致病机理相适应这一生物学基本原理。三是了解常见的朊病毒病及其预防方法和生物学意义，说明生物学的研究是一直处于变化和进步过程中的，不是一成不变的，希望学生勇于开拓思想，取得更大的进步
教学重点	基本知识点 1：掌握朊病毒的定义及其特征 基本知识点 2：掌握朊病毒的结构和致病机理，培养结构与功能相适应的生物学思想

教学难点	**1. 朊病毒的结构** 　　难点说明：朊病毒蛋白有两种构象，即正常型 PrPc 和致病型 PrPsc，两者的主要区别在于空间构象上的差异。PrPsc 可胁迫 PrPc 转化为 PrPsc，实现自我复制，并产生病理效应。基因突变可导致细胞型 PrPc 中的 α 螺旋结构不稳定，至一定量时产生自发性转化，β 片层增加，最终变为 PrPsc 型，并通过多米诺效应倍增致病。学生对其结构之间转化的想象可能会存在困难，因此这是本节课的授课难点 　　解决方法：直观教学法。在课程中，利用直观形象的图片先让学生对朊病毒的结构有一个直观的印象，再借助图片详细讲述其结构转化过程 **2. 朊病毒的致病机理** 　　难点说明：朊病毒的致病机理过程复杂，涉及知识点较为抽象，因此是本节课的授课难点 　　解决方法：直观教学法和启发教学法相结合。通过从朊病毒对神经元细胞的病理效应入手，介绍朊病毒在神经元上的侵染过程并讲解每一步涉及的原理和知识
教学方法与 教学策略	1. 根据本节课的知识特点，遵循以学生为主体的原则，在课程组织上充分考虑学生的学习兴趣、思维习惯和认知水平。用生活实例导入新课，讲授羊瘙痒症和疯牛病的病症和原因及给人类带来的影响，激发学生的学习欲望和提高学生学习兴趣 2. 利用图片展示朊病毒的形态并给出朊病毒的定义，引导学生初步认识朊病毒 3. 利用归纳概括法介绍基础知识点：朊病毒的五大主要特征，引导学生进一步加深对朊病毒的认识 4. 利用直观教学法讲解朊病毒的结构，为后面学习朊病毒结构的转化做铺垫。接着讲解科学家提出的关于朊病毒构象转化的两种假说，然后通过讲解朊病毒致病的过程图，使学生明白朊病毒的致病机理 5. 讲解朊病毒的预防措施，加强与生活实际的联系 6. 最后进行课堂小结，使学生从整体上把握本节课内容，建立完整的知识体系

教学评价与 教学检测	**题目1：类病毒和朊病毒的区别** 　　类病毒：没有蛋白质外壳，只有核苷酸构成的单链环状DNA或线性RNA分子 　　朊病毒：只有蛋白质而无核酸的分子，能侵入寄主细胞引起寄主中枢神经系统病变。疯牛病可能就是由朊病毒引起的，但是朊病毒的叫法已经不科学了，现在认为朊病毒是一类动物正常的蛋白质分子，而且是必不可少的，但是当它以另一种构型存在时，就能引起动物的疾病如牛海绵状脑病，而且这种异常的蛋白质分子本身还可以引起体内正常分子向异常分子转变，因而就"繁殖"了 **题目2：简述朊病毒的致病机理** 　　朊病毒蛋白有两种构象：正常型PrPc和致病型PrPsc，二者是异构体，由同一染色体基因*PRNP*编码，其氨基酸序列完全一致，两者的分子质量均为33～35kDa，根本差别在于它们构象上的差异。复制机理：致病型PrPsc蛋白，可以作为"种子"，诱发正常型PrPc蛋白转变为致病型 **题目3：简述"朊病毒假说"** 　　朊病毒假说：1982年普鲁宰纳提出了朊病毒致病的"蛋白质构象致病假说"，后来魏斯曼等对其进行逐步完善。其要点如下：①朊病毒蛋白有两种构象，即细胞型（正常型PrPc）和瘙痒型（致病型PrPsc）。两者的主要区别在于空间构象上的差异，PrPc仅存在α螺旋，而PrPsc有多个β折叠片层存在，后者溶解度低，且抗蛋白酶解。②PrPsc可胁迫PrPc转化为PrPsc，实现自我复制，并产生病理效应。③基因突变可导致细胞型PrPc中的α螺旋结构不稳定，至一定量时产生自发性转化，β折叠片层增加，最终变为PrPsc型，并获多米诺效应倍增致病 　　从这一假说我们可以知道：①朊病毒是蛋白质，没有我们通常认为是遗传物质的DNA、RNA等成分；②与朊病毒相对应的是具有正常功能的蛋白质，即朊病毒是正常功能的蛋白质空间结构变异所致 　　由于朊病毒并没有属于自己的遗传信息，那么它的遗传信息必然来源于它的"宿主"的细胞核。因此，朊病毒其实是"宿主"自身的遗传信息编码所形成的。编码朊病毒的遗传信息，至少在细胞核的染色体基因中是相同的，只是在多肽链形成后，还要经过一系列的修饰过程，一种可能是这些修饰过程中的一些过

教学评价与 教学检测	程出现错误，导致正常的蛋白质空间结构变异为异常的结构；另一种可能是这一修饰过程也没有出现错误，而是在正常的蛋白质形成后，由于外界因素导致正常蛋白质的变异，使之成为所谓的"朊病毒"
学术拓展	**1. 代表性生物化学研究工作 1**：Prusiner SB. 1997. Prion diseases and the BSE crisis. Science，278（5336）：245-251 　　其介绍了朊病毒病和疯牛病 **2. 代表性生物化学研究工作 2**：Cohen FE. 1999. Protein misfolding and prion diseases. Journal of Molecular Biology，293（2）：313 　　其介绍了蛋白质错误折叠和朊病毒病 **3. 推荐阅读文献**：Telling GC，Parchi P，Dearmond SJ，et al. 1996. Evidence for the conformation of the pathologic isoform of the prion protein enciphering and propagating prion diversity. Science，274（5295）：2079-2082
主要参考文献	1. 张丽萍，杨建雄. 2015. 生物化学简明教程. 5 版. 北京：高等教育出版社：9-43 2. 朱玉贤，李毅，郑晓峰，等. 2002. 现代分子生物学. 4 版. 北京：高等教育出版社：1-14 3. 赵德明. 2005. 动物传染性海绵状脑病研究进展. 中国畜牧兽医学会兽医病理学分会学术讨论会和中国病理生理学会动物病理生理专业委员会学术讨论会 4. 方元，陈莒平. 1997. 朊病毒与朊病毒病. 北京：中国农业出版社：25-137

学时三　蛋白质结构与功能的关系

课时来源	第一章　蛋白质生物化学
教学内容	1. 一级结构是空间构象的基础 2. 一级结构相似的蛋白质具有相似的高级结构与功能 3. 蛋白质高级结构改变与功能关系 4. 蛋白质构象提供重要的生物进化信息
教学目的	1. 掌握一级结构是空间构象的基础 2. 明确蛋白质构象改变可引起生物学疾病
设计思想	对本节课内容的学习须注意加强前后联系，如第一节介绍了组成蛋白质的基本单位，即氨基酸的结构和分类及其理化性质，这是后面章节内容的基础，因此在开始新课前有必要对前次课的内容做一简要的回顾 　　本节课的教学主要围绕以下两点：一是蛋白质一级结构是空间构象与功能的基础，如以诺贝尔奖得主 Anfinsen 的牛胰核糖核酸酶变性和复性实验及我国科研工作者人工合成牛胰岛素晶体的实践，引出"一级结构是空间构象的基础"这个知识点；二是以不同哺乳动物胰岛素氨基酸序列的差异这个例子，引出"一级结构相似的蛋白质具有相似的空间构象与功能"这个知识点；结合镰状细胞贫血案例，穿插入图片和动画，分析其发病原因，引出"蛋白质的关键氨基酸序列改变可引起疾病"这个知识点 　　在实施整合式生物化学教学进程中，**教师通过案例 1**（诺贝尔奖得主 Anfinsen 的牛胰核糖核酸酶变性和复性实验），提出与生物化学相关的问题，然后步步设疑，由浅入深地引导、启发学生，使学生学会运用实验思维解决问题。**教师通过案例 2**（分子病），了解临床案例，并进一步分析。蛋白质一级结构中起关键作用的氨基酸残基的改变可引起镰状细胞贫血。所以，在学习本节时学生要多联系实际，而不必刻意死背条文，真正做到融会贯通，这样既可加深对理论的理解，也有助于在实践中的应用。教师在

设计思想	讲授生物化学理论知识的同时，结合临床案例，可使原本枯燥的理论式讲述变得直观生动，便于记忆，将所学的知识进行尽可能多的整合，可培养学生整体思维和解决实际问题的能力
教学重点	基本知识点 1：一级结构是空间构象的基础 基本知识点 2：一级结构相似的蛋白质具有相似的高级结构与功能

教学难点	**1. 案例分析中涉及的代表性的研究工作：诺贝尔奖得主 Anfinsen 的牛胰核糖核酸酶变性和复性实验**
	  难点说明：本实验主要是验证**一级结构是空间构象的基础**，内容较为抽象，因此学生理解起来比较困难
	  解决方法：采用问题启发教学法。根据经典生物化学实验的引入，通过分析实验设计背景、设计思路、研究方法及对实验结论的讲解，层层设问，让学生形成实验性的生物化学思维
	2. 案例分析中涉及的代表性的研究工作：分子病
	  难点说明：本实验主要是验证重要蛋白质的**氨基酸序列改变可引起蛋白质生物学功能的改变**，因此学生理解起来比较困难
	  解决方法：采用直观教学法。结合生物学镰状细胞贫血案例，穿插临床图片、录像及电泳结果，分析其发病原因，引出"蛋白质的关键氨基酸序列改变可引起疾病"这个知识点。这样可扩展学生视野，找到理论与临床实践的衔接点，加深学生对生物化学抽象理论的理解和记忆，消除了理论学习的枯燥，活跃了课堂气氛，对激发学生的学习热情具有积极作用

教学进程与方法手段	**教学进程 1**：通过问题启发教学法重点介绍基础知识点，即**一级结构是空间构象的基础**
	课程导入：蛋白质空间结构由一级结构所决定，科学家是通过哪些经典的实验现象验证的呢？Anfinsen 设计牛胰核糖核酸酶变性和复性实验
	课程讲授：
	  首先，利用例子介绍 Anfinsen 设计牛胰核糖核酸酶变性和复性实验的目的。二硫键的正确配对是蛋白质空间构象形成的关键（牛胰核糖核酸酶变性/复性实验步骤）
	  其次，以 Anfinsen 为什么选择牛胰核糖核酸酶作为实验研究对象这一问题，分析牛胰核糖核酸酶的结构和功能的特异性在哪里。以动态图片形式展示牛胰核糖核酸酶变性实验的基本过程，再以几个动画形式生动形象地展现给学生整个变性过程，

教学进程与 方法手段	动画演示 β-巯基乙醇打断二硫键的过程及尿素打断氢键的过程，使学生理性认识牛胰核糖核酸酶的变性过程 　再次，Anfinsen 是如何设计蛋白质变性/复性实验过程的？Anfinsen 实验的研究背景是什么？动态图示展现牛胰核糖核酸酶的复性实验，用动态的图片结合语言讲解，让学生清晰地看到复性实验的过程，酶结构的变化是体现酶变性的关键，直接呈现给学生 　最后，通过图片展示在实验过程中，Anfinsen 是如何层层深入分析，发掘决定牛胰核糖核酸酶空间构象的关键作用力的。通过动画演示结合流程示意图将牛胰核糖核酸酶延伸实验讲解清楚，并以诺贝尔化学奖这一重大奖项引起学生对于蛋白质结构的重新认识 **教学进程 2：**通过对比归纳法介绍基础知识点，即**一级结构相似的蛋白质具有相似的高级结构与功能** **课程导入：**一级结构相似的蛋白质具有相似的高级结构与功能，生物体内哪些蛋白质有这些特性呢 **课程讲授：** 首先通过哺乳动物中胰岛素分子的蛋白质一级结构氨基酸序列的分析，对比归纳，氨基酸相似的胰岛素分子在生物学功能上的相似性。提出同源蛋白中的可变残基和不变残基的概念，根据序列保守性界定，同源蛋白中的可变残基发生改变并不影响蛋白质的结构和功能，同源蛋白中的不变残基发生改变直接影响了蛋白质的结构，蛋白质的生物学功能也发生改变。最后总结得出结构改变导致功能改变这一结论
教学评价与 教学检测	**题目 1：诺贝尔奖得主 Anfinsen 的牛胰核糖核酸酶变性和复性实验设计思路** 　**解题思路：**首先，Anfinsen 设计牛胰核糖核酸酶变性和复性实验的目的是为了验证蛋白质空间构象是由蛋白质一级结构决定的。其次，Anfinsen 选择牛胰核糖核酸酶作为实验研究对象，是由牛胰核糖核酸酶的结构和功能的特异性决定的。通过前人的实验研究，牛胰核糖核酸酶在结构上是单体蛋白酶；在生物学功能上牛胰核糖核酸酶只有空间结构存在时才能行使生物学功能，专一地降解核糖核酸链释放出单核苷酸。再次，在实验设计上，Anfinsen 首先进行牛胰核糖核酸酶变性实验，变性的实

教学评价与 教学检测	验过程是 Anfinsen 对前人蛋白质变性实验在牛胰核糖核酸酶中的验证。随后进行的牛胰核糖核酸酶复性实验是 Anfinsen 实验的创新点，通过离体条件下蛋白质复性实验的验证，Anfinsen 证实蛋白质的一级结构决定其空间构象。最后，在实验过程中，Anfinsen 发现二硫键是维持牛胰核糖核酸酶空间构象的关键化学键 　　培养了学生思考问题、解决问题的能力，检查学生对牛胰核糖核酸酶变性和复性实验知识的掌握和理解 题目 2：在生物体内还有其他的分子病吗？血红蛋白空间结构的改变会引起哪些生物学功能的改变呢 　　解题思路：地中海贫血症是一种常见的发生在血红蛋白上的分子病，其致病的大致机理是血红蛋白一级结构的氨基酸多肽链上重要氨基酸位点的缺失。该病的致病机理与镰状细胞贫血大致相同。蛋白质一级结构的改变引起空间构象的变化，蛋白质空间构象的改变引起生物学功能的改变。这个问题可将"协同效应""变构效应"和"维系蛋白质四级结构的化学键"等知识点有机地整合，引出"蛋白质构象改变可引起疾病"这个知识点 通过讲解，巩固了"蛋白质的功能依赖特定的空间构象"的知识，也培养了学生知识迁移、分析、综合等能力，检测学生对知识的理解和掌握程度
学术拓展	**1. 代表性生物化学研究工作 1**：Apgar JR，Gutwin KN，Keating AE. 2008. Predicting helix orientation for coiled-coil dimers. Proteins Structure Function and Bioinformatics，72（3）：1048-1065 　　其详细介绍了蛋白质的结构、功能及生物学信息 **2. 代表性生物化学研究工作 2**：Baker D. 2000. A surprising simplicity to protein folding. Nature，405：39-42 　　其详细介绍了蛋白质构象与空间折叠行为的研究进展 **3. 代表性生物化学研究工作 3**：Deber CM，Therien AG. 2002. Putting the β-breaks on membrane protein misfolding. Nature Structural Biology，9：318-319 　　其详细介绍了导致蛋白质二级结构化学键断裂的关键因子 **4. 推荐阅读文献**：Rothman JE. 1989. Polypeptide chain binding proteins：Catalysts of protein folding and related processes in cells. Cell，59（4）：591-601

主要参考文献	1. 王镜岩. 2002. 生物化学：上册. 3 版. 北京：高等教育出版社：252-289 2. 马文丽. 2014. 生物化学. 2 版. 北京：科学出版社：3-21 3. 张丽萍，杨建雄. 2015. 生物化学简明教程. 5 版. 北京：高等教育出版社：9-43 4. Nelson DL，Cox MM. 2000. Lehninger Principles of Biochemistry. 3rd ed. New York：Worth Publishers：157-187 5. Nelson DL，Cox MM. 2000. Lehninger 生物化学原理（中文版）. 3 版. 周海梦，昌增益，江凡，等译. 北京：高等教育出版社：173-203

学时四　血红蛋白结构与功能

课时来源	第一章　蛋白质生物化学
教学内容	1. 血红蛋白与肌红蛋白 　　1.1　血红蛋白的四级结构与肌红蛋白的三级结构 　　1.2　血红蛋白的三级结构与功能 　　1.3　血红蛋白的一级结构与功能 2. 纤维蛋白
教学目的	1. 掌握血红蛋白亚基构象变化可影响亚基与氧结合 2. 血红蛋白上重要的氨基酸序列改变可引起分子病
设计思想	学习本节课内容时须注意加强前后联系，本书第一个学时介绍了蛋白质一级结构与功能的关系，是学习本节课的基础；本节课是围绕蛋白质的功能依赖特定的空间构象，以血红蛋白为例分析蛋白质空间结构与功能的关系 　　本节课的教学主要围绕以下两点：一是掌握血红蛋白的空间结构及两种构象，蛋白质的空间结构决定了其生物学功能。血红蛋白由 4 个亚基组成四级结构，每个亚基可结合 1 个血红素并携带 1 分子氧，共结合 4 分子氧。血红蛋白也有可逆结合氧分子的能力，但血红蛋白各亚基与氧的结合存在着正协同效应。二是血红蛋白能与氧结合，因为它以血红素为辅基，并且在血红素周围以疏水性氨基酸残基为主，形成空穴，为铁原子与氧结合创造了结构环境。血红蛋白是由 4 个亚基组成的寡聚蛋白，这样的空间结构决定了它的功能特性。血红蛋白的主要功用是在循环中转运氧 　　讲解本节课知识点时，采用**启发教学法**，在介绍血红蛋白结构的基础上，明确血液中血红蛋白的两种构象（氧合血红蛋白和脱氧血红蛋白构象），以血液中血红蛋白的氧解离曲线为中心轴，采用**启发教学法**逐层引出各知识点，展示蛋白质的空间结构决定了其生物学功能。采用**直观教学法**，结合镰状细胞贫血案例，说明蛋白质构象改变可引起疾病

教学重点	基本知识点 1：掌握血红蛋白亚基构象变化可影响亚基与氧结合 基本知识点 2：血红蛋白上重要的氨基酸序列改变可引起分子病
教学难点	**1. 案例分析中涉及的代表性的研究工作：血红蛋白亚基构象变化可影响亚基与氧结合** 　　**难点说明：** 人体内血红蛋白的两种构象（氧合血红蛋白和脱氧血红蛋白构象）与氧分子结合有关。血红蛋白亚基与氧分子的结合对其空间构象的影响是课程的难点 　　**解决方法：采用问题启发教学法。** 在实施整合式生物化学教学进程中，教师通过案例的临床表现和处理方法，提出与生物化学相关的问题，然后步步设疑，由浅入深地引导、启发学生，激发学生的求知欲望，在分析讨论的基础上归纳出要掌握的生物化学知识要点，使学生掌握的知识更趋条理化 **2. 案例分析中涉及的代表性的研究工作：血红素辅基** 　　**难点说明：** 血红素辅基的分子结构组成，二价铁离子在血红素辅基与氧结合过程中的变化 　　**解决方法：图示法。** 血红素是血红蛋白分子上的主要稳定结构，为血红蛋白、肌红蛋白的辅基。每个血红素由 4 个吡咯类亚基组成一个环，环中心为一个亚铁离子。每个血红素基团中间的亚铁则可以与氧结合使之成为氧合血红蛋白。与氧结合或解离使之成为氧合血红蛋白
教学进程与 方法手段	**教学进程 1：** 通过问题启发教学法重点介绍基础知识点，即血红蛋白亚基构象变化可影响亚基与氧结合 **课程导入：** 一氧化碳中毒现象 **课程讲授：** 　　以问题启发的方法讲授新课，如以为什么血红蛋白和肌红蛋白都具有携氧功能？人体内血红蛋白两种构象与氧分子的结合关系是什么？那为什么血红蛋白与肌红蛋白的氧解离曲线又不同？血红蛋白中是哪些关键的辅助因子在与氧分子结合中起作用的？这些辅助因子与氧分子结合的方式是什么？层层深入，逐个分析 　　首先，以血红蛋白和肌红蛋白都具有携氧功能是因为血红蛋白和肌红蛋白都含有血红素辅基，引出"空间构象相似功能相似"这个知识点 　　其次，以"为什么血红蛋白与肌红蛋白的氧解离曲线不同"为问题，引出肌红蛋白只有一条多肽链而血红蛋白是由 4 个亚基组成，

	肌红蛋白与氧的结合是"有或无"的关系，而血红蛋白的 4 个亚基都能跟氧结合，彼此会相互影响，引出"空间构象不同功能不同"这个知识点
	最后，以"血红蛋白的 4 个亚基跟氧结合时是如何相互影响的"这个问题可将"协同效应""变构效应"和"维系蛋白质四级结构的化学键"等知识点有机地整合起来
教学进程与 方法手段	**教学进程 2**：通过案例教学法重点介绍基础知识点，即蛋白质上重要的氨基酸序列改变可引起生物学疾病 **课程导入**：以镰状细胞贫血为例，引起学生注意 **课程讲授**：
	首先，在幻灯片制作方面注意联系实际，可将与生物学病例相关的教学图片、动画、实验结果等有组织、有目的地穿插到幻灯片中，把教学内容直观地展示给学生，通过师生共同讨论，归纳出镰状细胞贫血等所引起的主要症状，有利于学生对理论知识的认知由感性认识提升到理性认识
	其次，将正常人体内血红蛋白 β 肽链氨基酸序列和患者体内血红蛋白 β 肽链氨基酸序列做对比，从化学结构上氨基酸的改变来分析生物学疾病分子基础，再从化学结构整体上看血红蛋白的 β 链在正常人和患者体内的区别，通过列表讲述正常红细胞与镰刀形红细胞在一级结构、二级结构或三级结构、四级结构、生物学功能及血红细胞形态强调氨基酸序列改变可以引起生物学疾病
	最后，以正常人和患者血管内红细胞形态及患者表现让学生充分认识其危害
	总结时利用思维导图将本节内容形象地联系起来，以视觉上的逻辑刺激，增强学生对于本节课的理解
教学评价与 教学检测	**题目：血红蛋白亚基中铁卟啉区除了与氧结合，还能与其他分子结合吗？一氧化碳中毒的原理是什么** **解题思路**：血红蛋白亚基中铁卟啉区除了与氧结合外，还能与其他分子结合，如 CO、SO_2 和 NO 等。本节课 PPT 显示的就是 CO 和 O_2 与血红蛋白的亲和力曲线。一氧化碳中毒是含碳物质燃烧不完全时的产物经呼吸道吸入引起中毒。中毒机理是一氧化碳与血红蛋白的亲和力比氧与血红蛋白的亲和力高 200～300 倍，因此，一氧化碳极易与血红蛋白结合，形成碳氧血红蛋白，使血

教学评价与教学检测	红蛋白丧失携氧的能力和作用，造成组织窒息。对全身的组织细胞均有毒性作用，尤其对大脑皮质的影响最为严重 　　以此培养学生知识迁移的能力，检测学生对一氧化碳中毒原理的掌握程度
学术拓展	**1. 代表性生物化学研究工作 1**：Perutz MF，Wilkinson AJ，Paoli M，et al. 1998. The stereochemical mechanism of the cooperative effects in hemoglobin revisited. Annu Rev Biophys Biomol Struct，27：1-34 　　其详细介绍了血红蛋白空间结构的作用机制 **2. 代表性生物化学研究工作 2**：Ackers GK，Hazzard JH. 1993. Transduction of binding energy into hemoglobin cooperativity. Trends in Biochemical Sciences，18：385-390 　　其详细介绍了血红蛋白空间构象的协同效应 **3. 代表性生物化学研究工作 3**：Prisco GD，Condò SG，Tamburrini M，et al. 1991. Oxygen transport in extreme environments. Trends in Biochemical Sciences，16：471-474 　　其详细介绍了血红蛋白运氧功能的研究 **4. 推荐阅读文献**：Perutz MF. 1989. Myoglobin and haemoglobin：role of distal residues in reactions with haem ligands. Trends in Biochemical Sciences，14：42-44
主要参考文献	1. 王镜岩. 2002. 生物化学：上册. 3 版. 北京：高等教育出版社：252-289 2. 马文丽. 2014. 生物化学. 2 版. 北京：科学出版社：3-21 3. 张丽萍，杨建雄. 2015. 生物化学简明教程. 5 版. 北京：高等教育出版社：9-43 4. Nelsow DL，Cox MM. 2000. Lehninger Principles of Biochemistry. 3rd ed. New York：Worth Publishers：157-187 5. Nelsow DL，Cox MM. 2000. Lehninger 生物化学原理(中文版). 3 版. 周海梦，昌增益，江凡，等译. 北京：高等教育出版社：173-203

学时五　绿色荧光蛋白的开发及应用

课时来源	第一章　蛋白质生物化学
教学内容	1. 绿色荧光蛋白的发现及应用 2. 绿色荧光蛋白的基本结构 3. 绿色荧光蛋白作为癌细胞追踪器的机制
教学目的	1. 掌握绿色荧光蛋白的基本结构 2. 掌握绿色荧光蛋白作为癌细胞追踪器的机制
设计思想	荧光染料、同位素标记同样能起到示踪的作用，绿色荧光蛋白凭什么可以成为新宠，使科学家以此获得诺贝尔奖呢？由于绿色荧光蛋白分子质量小，不会影响到其他功能蛋白的表达；其只需要蓝光或紫外光的照射就可以发出耀眼的绿光，对细胞无毒害，经钱永健改良开发后已经成功、广泛地应用于各大领域。有了这些绿色荧光蛋白，科学家就好像给细胞安上了摄像头，可以观察绿色荧光蛋白强度动态的变化来了解物质上的变化，在解决癌症的难题上，它也做出了一番贡献 　　以"话题引入—图片导入—绿色荧光蛋白的前世今生（绿色荧光蛋白的发现及应用）—结构—应用优越性—在追踪癌细胞方面的开发应用机制"为主线，将绿色荧光蛋白作为追踪器的机制剖析清楚 　　本节课的核心内容是通过观察、探究等活动明确绿色荧光蛋白的基本结构及作为癌细胞追踪器的机制。讲解本知识点时，采用归纳和概括法。在介绍绿色荧光蛋白的基本结构及作为癌细胞追踪器的机制中，培养学生对前沿知识的展示能力，注重学生对知识体系的理解，构建知识的网络结构，以及对知识的拓展和提升。采用图片导入、归纳和概括法逐层引出各知识点，引入绿色荧光蛋白等学术前沿知识。在学法设计上，让学生用探索法、发现法去建构知识，了解绿色荧光蛋白的基本结构及作为癌细胞追踪器的机制，引起学生学习兴趣

教学重点	基本知识点 1：绿色荧光蛋白的基本结构 基本知识点 2：剖析绿色荧光蛋白的蛋白质结构，并简述其发光基团的形成过程，来让学生从蛋白质水平上理解绿色荧光蛋白作为一个灵敏的、稳定的标志蛋白的优越性 基本知识点 3：绿色荧光蛋白作为癌细胞追踪器的机制
教学难点	**1. 绿色荧光蛋白的基本结构** **2. 绿色荧光蛋白作为癌细胞追踪器的机制**
教学进程与 方法手段	**教学进程 1**：绿色荧光蛋白的发现及认识 **课程导入**：利用绿色荧光蛋白创作的培养皿风景图（图 5-1） **课程讲授**： 首先，利用展示法展示 3 幅用转有绿色荧光蛋白基因的培养皿细菌作图的风景画，既呈现出绿色荧光蛋白发光的多样性，让学生初步了解绿色荧光蛋白，为后面绿色荧光蛋白功能的介绍做铺垫，又能引起学生的兴趣 图 5-1 利用绿色荧光蛋白创作的培养皿风景图 其次，通过介绍 2008 年获得诺贝尔化学奖的 3 位科学家的贡献，让学生对绿色荧光蛋白的前世今生及贡献有一定的了解 最后，遵循功能与结构相适应的原则，通过剖析绿色荧光蛋白的蛋白质结构（图 5-2），以及对其发光基团的形成进行简述，来让学生从蛋白质水平上理解绿色荧光蛋白作为一个灵敏的、稳定的标志蛋白的优越性  图 5-2 绿色荧光蛋白的蛋白质结构 **教学进程 2**：在了解了绿色荧光蛋白的结构之后，自然而然地引出绿色荧光蛋白相对于其他化学染料的优点，这就是为什么绿色荧光蛋白的发现及应用有资格获得诺贝尔奖 **课程讲授**： 在众多优点基础上，又总结了适用于追踪的特点，接着利用这些特点，具体地讲授绿色荧光蛋白在肿瘤细胞追踪方面的应用（图 5-3），其中包括以下几个部分。①分子上的原理；②寻找相关调控基因；③肿瘤的鉴定；④抗肿瘤药物的筛选 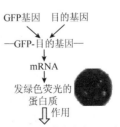 可定量分析目的基因的表达水平，显示其在肿瘤细胞中的表达位置和量变化 图 5-3 绿色荧光蛋白在肿瘤细胞追踪方面的应用

教学进程与方法手段	采用归纳和概括法。在介绍掌握绿色荧光蛋白的基本结构及作为癌细胞追踪器的机制中，培养学生对前沿知识的展示能力，注重学生对知识体系的理解，构建知识的网络结构，以及对知识的拓展和提升。采用图片导入、归纳和概括法逐层引出各知识点，引入绿色荧光蛋白等学术前沿知识。在学法设计上，让学生用探索法、发现法去建构知识，了解绿色荧光蛋白的基本结构及作为癌细胞追踪器的机制，引起学生的学习兴趣
学术拓展	**1. 代表性生物化学研究工作 1**：Albano CR，Randers-Eichhorn L，Bentley WE，et al. 1900. Green fluorescent protein as a real time quantitative reporter of heterologous protein production. Biotechnology Progress，14（2）：351-354 　　其详细介绍了绿色荧光蛋白并提出将其作为报告因子 **2. 代表性生物化学研究工作 2**：Relijic R，Di SC，Crawford C，et al. 1900. Time course of mycobacterial infection of dendritic cells in the lungs of intranasally infected mice. Tuberculosis，85（1-2）：81-88 　　其详细介绍了绿色荧光蛋白的应用 **3. 代表性生物化学研究工作 3**：The Nobel Prize in Chemistry 2008 was awarded jointly to Osamu Shimomura, Martin Chalfie and Roger Y. Tsien for the discovery and development of the green fluorescent protein，GFP 　　2008 年诺贝尔化学奖——发现并改造绿色荧光蛋白
主要参考文献	1. 章静波. 2006. 报告基因显像及其在肿瘤基因治疗中的应用. 癌症进展，（03）：265 2. 王志茹，李军，刘晓梅，等. 2015. 雄性生殖细胞特异性表达绿色荧光蛋白小鼠的繁殖及其表型鉴定. 中国比较医学杂志，（5）：29-32 3. Mullineaux CW. 2016. Classic spotlight：Green fluorescent protein in *Bacillus subtilis* and the birth of bacterial cell biology. Journal of Bacteriology，198（16）：2141 4. Takacs CN，Andreo U，Belote RL，et al. 2017. GFP-tagged Apolipoprotein E：a useful marker for the study of hepatic lipoprotein egress. Traffic，18（3）：192-204

学时六　遗传物质本质的探究

课时来源	第二章　核酸生物化学
教学内容	1. DNA 的二级结构是双螺旋结构 2. DNA 的高级结构是超螺旋结构 3. DNA 是遗传信息的物质基础 　　3.1 遗传物质的早期推测 　　3.2 肺炎双球菌体内转化实验 　　3.3 肺炎双球菌体外转化实验
教学目的	1. 掌握 DNA 超螺旋结构 2. 掌握 DNA 是遗传信息的物质基础的实验依据
设计思想	在教学指导思想上，让学生形成生物探究性实验的意识，通过经典实验的讲述，培养学生发现问题、提出问题、解决问题的实验思路。通过探究性实验过程的展示，以学生为中心，在整个教学进程中教师起组织、指导、帮助和促进的作用，利用情境、协作、会话等学习环境，充分发挥学生的主动性、积极性和首创精神，最终达到使学生有效实现对当前所学知识意义建构的目的 　　在方法手段的设计上，本节课主要采用支架式的建构主义的方法手段，充分结合教材特点和学生实际，根据知识特点，先建立知识框架，在教师情境创设的引导下，通过介绍科学家的实验（格里菲思、艾弗里肺炎双球菌转化实验及噬菌体侵染细菌的实验），引导学生思考和分析问题，再通过小组间的协商、讨论，以及从自己设计的实验来验证自己的推测，增强学生学习的兴趣和自信心，并让学生掌握实验设计的一般步骤和培养其科学精神 　　在学法设计上，让学生用探索法、发现法去建构知识，将书本上了解的经典实验的原理及过程转化为自己设计实验的基础，并寻求答案。指导学生探索遗传物质是 DNA 而不是蛋白质，培养学生发现问题、分析问题、解决问题的能力
教学重点	基本知识点 1：遗传物质应具备的条件 基本知识点 2：DNA 是遗传信息的物质基础的实验依据

教学难点	**1. 案例分析中涉及的代表性的研究工作：遗传物质应具备的条件** 　　难点说明：生物体内遗传信息的本质一直是科学家研究的难点和重点，作为遗传物质应具备的条件为我们课程的学习提供了思路和方向 　　解决方法：采用问题启发教学法。"遗传物质必须具备哪些基本特点才能使生物的遗传现象成为可能？"我们首先要从理论上推断作为遗传物质必须具备哪些特点。层层启发式设问引出，遗传信息具备的 3 个条件：①生物的性状在前后代表现出连续性，它的遗传物质必定能够进行自我复制；②能够指导蛋白质的合成，从而控制新陈代谢过程和性状；③能产生可以遗传的变异 **2. 案例分析中涉及的有代表性的研究工作：DNA 是遗传信息的物质基础的实验依据** 　　难点说明：确认遗传物质的大致范畴后，科学家是如何用实验现象来证明某种物质是否是遗传物质？结合实验讲解 DNA 是遗传信息的物质基础 　　解决方法：案例教学法和启发教学法相结合。实验 I 为肺炎双球菌体内转化实验，实验 II 为肺炎双球菌体外转化实验，实验 III 为噬菌体侵染细菌实验。分析实验设计思路、研究方法、研究条件和实验结论等，让学生形成实验性思维，提出肺炎双球菌体内转化实验是验证 DNA 是遗传物质基础的关键
教学进程与 方法手段	教学进程 1：通过问题启发教学法重点介绍基础知识点，即**遗传物质应具备的条件** 课程导入：生物体内遗传信息为什么能精准相传 课程讲授： 　　首先，由"问题探讨"所呈现的曾经在科学界争论很长时间的问题——"DNA 和蛋白质究竟哪个是遗传物质"引入新课，让学生思考如何对这一问题进行研究，培养他们分析问题和解决问题的能力，激发他们了解科学家当年的研究过程和方法的兴趣 　　其次，以"在核酸和蛋白质中究竟谁是基因的载体"这一问题，从理论上推断作为遗传物质必须具备哪些特点，如果我们能够用实验来证明某种物质具备这些特点，就能确定到底哪种物质是遗传物质 　　最后，用"遗传物质必须具备哪些基本特点才能使生物的遗传现象成为可能"的问题将教学转入下一阶段

教学进程与方法手段	**教学进程 2**：通过**案例教学法**重点介绍基础知识点，即 **DNA 是遗传信息的物质基础的实验依据** **课程导入**：DNA 和蛋白质究竟谁是遗传物质？目的在于引导学生思考如何对这一问题进行研究，激发学生的探索欲望；接着介绍了 20 世纪早期人们对于遗传物质的推测 **课程讲授**： 　　本节首先是以问题探讨的形式呈现了曾经在科学界争议了很久的问题，在此基础上详细讲述 DNA 是遗传物质的直接证据——"肺炎双球菌的转化实验"和"噬菌体侵染细菌的实验"。 　　首先，通过幻灯片展示证据 I，即肺炎双球菌体内转化实验（格里菲思）。以表格形式对两种肺炎双球菌菌落进行比较，让学生对于肺炎双球菌有一定认识，图片展示实验过程，使学生直观感受实验过程与现象，并得出结论——已经被加热杀死的 S 型细菌中，含有某种促成 R 型细菌转化的活性物质。师生探讨：S 型细菌内的转化因子到底是什么 　　其次，呈现证据 II，即肺炎双球菌体外转化实验（艾弗里实验）。以肺炎双球菌体内转化实验的结论为基础，让学生运用自己的思维分析、考虑证明遗传因子是什么物质的方法（学生讨论各抒己见），之后介绍艾弗里的实验方法，逐步剖析经典实验。在分析实验的过程中，教师尽量让学生自己分析实验过程，通过层层分析，学生不仅能够自己得出结论，即 DNA 是遗传物质，同时还能感受科学探究的魅力 　　最后，出示证据 III，即噬菌体侵染细菌的实验。教师显示 T_2 噬菌体挂图，让学生了解噬菌体结构。设疑：噬菌体非常小，实验时怎样观察？引导提问：DNA 和蛋白质的化学元素构成是什么？选择 ^{35}S 和 ^{32}P 这两种同位素分别对蛋白质和 DNA 做标记，就可以通过探测放射性，观察噬菌体。介绍两组实验，与学生共同讨论分析，让学生完成表 6-1。

表 6-1　噬菌体侵染细菌实验

组别	亲代噬菌体	宿主细胞内	子代噬菌体	实验结论
（一）组	^{32}P 标记 DNA	有 ^{32}P 标记 DNA	DNA 有 ^{32}P 标记	DNA 分子具有连续性，是遗传物质
（二）组	^{35}S 标记蛋白质	无 ^{35}S 标记蛋白质	外壳蛋白质 ^{32}S	

教学评价与 教学检测	题目 1：如果请你设计一个实验来确定转化因子，你的实验设计思路是什么 　　解题思路：提出问题—做出假设—实验方案—结果预测。提出问题：探究 S 型细菌体内到底哪种化学物质是"转化因子"（遗传物质）。做出假设：S 型细菌体内的蛋白质是"转化因子"。实验方案：将 S 型细菌体内的蛋白质单独提取出来，与活 R 型细菌混合注入小鼠体内，看其是否发生转化。结果预测：①若单纯蛋白质就能使 R 型细菌发生"转化"，且转化形状能遗传（结果），则蛋白质是"转化因子"（结论）；②若单纯蛋白质不能使 R 型细菌发生"转化"（结果），则蛋白质不是"转化因子"（结论） 　　通过设计实验，培养学生思考问题、解决问题的能力，同时也能够检测学生对知识的掌握程度 题目 2：生物体内的遗传物质除了 **DNA** 以外还有 **RNA**，科学家是如何通过实验来验证 **RNA** 也是遗传信息的呢？请举例说明 　　解题思路：经典的烟草花叶病毒（TMV）重建实验。TMV是一种 RNA 病毒，它有一圆筒状的蛋白质外壳，由很多相同的蛋白质亚基组成；内有一单链 RNA 分子，沿着内壁在蛋白质亚基间盘旋着 　　检查学生对设计探究实验基本思路的掌握，培养科学探究的精神
学术拓展	**1. 代表性生物化学研究工作 1**：Lederberg J. 1944. The transformation of genetics by DNA：an anniversary celebration of Avery，MacLeod and McCarty. Genetics，136：423-426 　　其详细介绍了 DNA 是遗传物质的基础概述 **2. 代表性生物化学研究工作 2**：Lederberg J. 1987. Genetic recombination in bacteria：a discovery account. Annual Review of Genetics，21：23-46 　　其详细介绍了肺炎双球菌转化实验的过程 **3. 推荐阅读文献**：Reichard P. 2002. Osvald T. Avery and the Nobel Prize in Medicine. Journal of Biological Chemistry，277：13355-13362
主要参考文献	1. 王镜岩. 2002. 生物化学：上册. 3 版. 北京：高等教育出版社：470-477 2. 马文丽. 2014. 生物化学. 2 版. 北京：科学出版社：24-34

主要参考文献	3. 张丽萍，杨建雄. 2015. 生物化学简明教程. 5 版. 北京：高等教育出版社：49-76 4. Nelson DL，Cox MM. 2000. Lehninger Principles of Biochemistry. 3rd ed. New York：Worth Publishers：281-312 5. Nelsow DL，Cox MM. 2000. Lehninger 生物化学原理(中文版). 3 版. 周海梦，昌增益，江凡，等泽. 北京:高等教育出版社:275-305

学时七　基因表达沉默技术

课时来源	第二章　核酸生物化学
教学内容	1. RNA 干扰（RNAi）现象的发现和发展 2. 什么是 RNA 干扰 3. RNAi 的作用机制
教学目的	1. 掌握 RNAi 的研究进展 2. 掌握 RNAi 的作用机制
设计思想	生物学是一门以实验为基础的自然科学。许多生物现象只有通过实验才能得到解释，各种生物体的结构必须通过实验才能观察清楚，生物学的理论也是人们通过实验总结出来的。所以，实验教学在生物教学中占有非常重要的地位，培养学生的实验性思维对生物科学专业的高年级本科生尤为重要 　　在方法手段的设计上，本节课主要采用支架式的建构主义方法手段，充分结合教材特点和学生实际，根据知识特点，先建立知识框架，在教师情境创设的引导下，通过介绍科学家的实验［有色矮牵牛花（petunia）的花朵花色实验］，引导学生思考和分析问题，并让学生掌握实验设计的一般步骤和培养其科学精神 　　本节课首先是以案例导入的形式呈现了科学家实验过程中出现的问题：1990 年，Napoli 等试图用转基因技术使有色矮牵牛花（petunia）的花朵更加艳丽，他们将色素合成相关基因（*CHS* 基因）置于一个强启动子之下，转入矮牵牛花，希望通过在该植物花中增加色素基因的拷贝数，使该植物开出更艳丽的花朵。然而，实验结果则与预期相反！引入案例的目的在于引导学生思考如何对这一问题进行研究，激发学生的探索欲望
教学重点	基本知识点 1：RNAi 现象的发现 基本知识点 2：RNAi 的作用机制

教学难点	**1. 案例分析中涉及的代表性的研究工作：RNAi 现象的发现** 　　难点说明：RNAi 是目前干扰小 RNA 领域的研究热点，RNAi 现象的发现与基因转录后沉默相关 　　解决方法：案例教学法和启发教学法相结合。引入经典案例：1990 年，Napoli 等在 *Plant Cell* 杂志上发表了一篇经典实验论文。其实验结果与预期相反，出现了共抑制（co-suppression）现象，但当时该现象的本质不明。分析现象产生的原因：①在转录水平上的基因沉默；②转录后的基因沉默。引出后续 RNAi 作用机制的分析 **2. 案例分析中涉及的代表性的研究工作：RNAi 的作用机制** 　　难点说明：虽然 RNAi 是近几年内的新发现，但由于它有着广阔的应用前景，因此对其分子机制的研究一直是一个热点 　　解决方法：采用分析和综合归纳法。迄今为止，人们认识到 RNAi 是双链 RNA 引起的目的基因沉默的基因表达调控方式，目前研究认为，RNAi 的过程可能包括起始和效应两个阶段
教学进程与 方法手段	**教学进程 1**：通过**案例教学法和启发教学法相结合**的方法重点介绍基础知识点，即 **RNAi 现象的发现** **课程导入**：以两位在 2006 年因对 RNA 干扰现象的研究获诺贝尔生理学或医学奖的科学家为切入点，引起学生学习的兴趣，引出课题 **课程讲授**： 　　RNAi 现象的发现是一个相对漫长的过程，科学家先后做了多个实验对其进行研究 　　首先，介绍 Napoli 等试图用转基因技术使有色矮牵牛花（petunia）的花朵更加艳丽的相关研究，实验结果却与预期相反，出现了共抑制（co-suppression）现象。让学生了解共抑制现象，并分析现象产生的原因：①在 RNA 水平上的基因沉默；②转录后的基因沉默，引起学生探索发现的兴趣 　　其次，依次介绍 RNAi 的病毒侵染实验、获诺贝尔生理学或医学奖的线虫反义 RNA 实验，引出 RNA 干扰现象是发生在双链 RNA 水平上的 　　最后，以问题启发的方法向学生讲授什么是 RNA 干扰，对概念进行强化，并引出后续 RNAi 作用机制的分析 **教学进程 2**：通过**分析和综合归纳法**重点介绍基础知识点，即 **RNAi 的作用机制** **课程导入**：目前研究认为，RNAi 的过程可能包括**起始**和**效应**两个阶段

教学进程与 方法手段	**课程讲授：** 首先，出示 RNAi 的作用机制的作用图示，给学生一个整体框架，使他们对这一机理有一个大体印象 其次，结合幻灯片分别讲解在起始阶段和效应阶段的机理。对于起始阶段，用图片形象展示 Dicer 切割双链 RNA 的过程，加入的小分子 RNA 被切割为 21～23bp 的干扰小 RNA（small interfering RNA，siRNA）片段，其中称为 Dicer 的酶，是 RNaseⅢ家族中特异识别双链 RNA 的一员，它能以一种 ATP 依赖的方式逐步切割由外源导入或者由转基因、病毒感染等各种方式引入的双链 RNA，将 RNA 降解成 19～21bp 的双链 RNA，每个片段的 3′端都有 2 个碱基突出。通过视觉感知与语言讲解，达到对于起始阶段从感性到理性的认知 在 RNAi 效应阶段，siRNA 双链结合一个核酶复合物从而形成所谓的 RNA 诱导沉默复合物（RNA-induced silencing complex，RISC）。结合图片的过程示意，引导学生分析过程，激活 RISC 需要一个 ATP 将小分子 RNA 解双链，激活的 RISC 通过碱基配对定位到同源 mRNA 转录物上，并在距离 siRNA 3′端 12 个碱基的位置切割 mRNA。尽管切割的确切机制尚不明了，但每个 RISC 都包含一个 siRNA 和一个不同于 Dicer 的 RNA 酶 最后，通过图示讲解含有启动子区的 dsRNA 在植物体内同样被切割成 21～23bp 的片段，这种 dsRNA 可使内源相应的 DNA 序列甲基化，从而使启动子失去功能，使其下游基因沉默。通过讲解这些前沿知识引起学生探索新知的欲望，增加对于科学的兴趣
教学评价与 教学检测	**题目 1：这种现象是不是只有在矮牵牛花中才出现呢？举例说明科学家是如何在线虫里验证 RNAi 实验现象的** 解题思路：继此之后，研究人员又在果蝇（*Drosophila* sp.）、涡虫（*Planaria* sp.）、椎虫（*Trypanosoma* sp.）、脊椎动物、植物等许多真核生物中发现了 RNAi 作用。1995 年，美国康奈尔大学的科学家在以线虫（*Caenorhabditis elegans*）为实验材料，试图用反义 RNA 技术阻断线虫 *par-1* 基因的表达以探索该基因的功能时发现，当向线虫的胚细胞中注入与该基因 mRMA 互补的反义 RNA 时，该基因的表达如预期的那样被阻断。Fire 等将反义 RNA 和正义 RNA 的混合物（含有双链 RNA，即 dsRNA）注入线虫体内，结果基因表达受抑制的程度比单独注入反义 RNA 或

教学评价与 教学检测	正义 RNA 都强得多，Fire 等将这种由 dsRNA 所引起的基因表达被抑制的作用称为 RNA 干扰或 RNA 干涉作用，简称 RNAi 作用 　　**培养学生把所学的知识运用于生活实践中的能力，检查对 RNAi 实验的掌握和理解** 　　**题目 2：RNAi 技术的应用领域在哪里** 　　解题思路：RNAi 的研究成果不断地使人们对 RNA 的作用和生命现象有了新的认识，同时 RNAi 技术也将成为日趋成熟的工具，有助于人们探索基因的功能。由于 RNAi 可阻断同源基因的表达，因此可利用 RNAi 技术是否阻断一些新的基因的表达来研究这些基因是否有同源性，从而研究基因之间的相互关系。此外，还可利用 RNAi 技术，针对病毒易突变的特点设计多种与靶病毒基因保守序列互补的 dsRNA，预防动植物病毒病，利用 RNAi 技术还可设计出针对肿瘤细胞特异基因的 dsRNA，用于消除肿瘤细胞，为基因治疗提供新的思路 　　**培养学生理论联系实际的能力，关注科技前沿，检查学生对 RNAi 知识的掌握**
学术拓展	**1. 代表性生物化学研究工作 1**：Zamore PD，Tuschl T，Sharp PA，et al. 2010. RNAi: double-stranded RNA directs the ATP-dependent cleavage of mRNA at 21 to 23 nucleotide interwals. Cell，1：25-33 　　其详细介绍了 RNAi 的作用机制 **2. 代表性生物化学研究工作 2**：Hannon GJ. 2001. RNA interference. The short answer. Nature，411（6836）：428-442 　　其详细介绍了 RNAi 的相关背景知识 **3. 代表性生物化学研究工作 3**：Sijen T. 2001. On the role of RNA amplification in dsRNA-triggered gene silencing. Cell, 107(4)：465-476 　　其详细介绍了 RNAi 引起的基因表达沉默机制 **4. 推荐阅读文献**：Napoli C，Lemieux C，Jorgensen R. 1990. Introduction of a chimeric chalcone synthase gene into petunia results in reversible co-suppression of homologous genes in trans. Plant Cell，2（4）：279-289
主要参考文献	1. 王镜岩. 2002. 生物化学：上册. 3 版. 北京：高等教育出版社：470-476 2. 马文丽. 2014. 生物化学. 2 版. 北京：科学出版社：24-34 3. 张丽萍，杨建雄. 2015. 生物化学简明教程. 5 版. 北京：高等教育出版社：49-76 4. Lewin B. 2003. Gene Ⅷ. Oxford：Oxford University Press 5. Lewin B. 2005. 基因Ⅷ（中文版）. 8 版. 余龙，江松敏，赵寿元，等译. 北京：科学出版社

学时八　DNA 测序技术教学设计

课时来源	第二章　核酸生物化学
教学内容	1. PCR 技术 2. DNA 测序技术
教学目的	1. 掌握 PCR 技术的原理和过程 2. 掌握 DNA 测序技术的原理、类型及应用
设计思想	本节的核心内容是聚合酶链反应（polymerase chain reaction，PCR）的基本原理及对 DNA 测序技术的原理、类型及应用的讲解。讲解本知识点时，采用归纳和概括法。在介绍聚合酶链反应机制和 DNA 测序技术原理时，培养学生对前沿知识的展示能力，注重学生对知识体系的理解，构建知识的网络结构，以及对知识的拓展和提升。采用图片导入、归纳和概括法逐层引出各知识点，引入 PCR 等学术前沿知识。在学法设计上，让学生用探索法、发现法去建构知识，了解目的基因扩增的机制，引起学生学习兴趣。聚合酶链反应是 20 世纪 80 年代中期发展起来的体外核酸扩增技术，它具有特异、敏感、产率高、快速、简便、重复性好、易自动化等突出优点。DNA 的序列分析是进一步研究和改造目的基因的基础。目前用于测序的技术主要有 Sanger 等（1977）发明的双脱氧链末端终止法及 Maxam 和 Gilbert（1977）发明的化学降解法
教学重点	基本知识点 1：PCR 技术的原理 基本知识点 2：DNA 测序技术的原理、类型及应用
教学难点	**难点说明 1**：关于 PCR 技术，这部分内容具有一定的微观性和抽象性，因此学生理解起来比较困难 　　**解决方法**：采用分析和类比法。与 DNA 的半保留复制进行类比，可以让学生更好地掌握 PCR 技术的原理、步骤。学生对 DNA 的半保留复制掌握得较好，而 PCR 技术与 DNA 的半保留复制有相似之处，采用类比的方法，将二者进行比较，这样容易加深学生对 PCR 技术的理解

	通过比较，让学生总结 DNA 的半保留复制与 PCR 技术的共同点和不同点。这样不但可以让学生非常清楚地建立起一个 PCR 技术原理的框架，而且可以稳固有关 DNA 半保留复制的知识点，达到事半功倍的效果 **难点说明 2：DNA 测序技术原理** **解决方法**：通过课件介绍 DNA 测序的发展历史和主要技术方法，详细讲解测序技术的原理、流程。第一代测序技术主要是指以 Sanger 双脱氧链末端终止法及 Gilbert 化学降解法为代表的经典 DNA 测序技术。Sanger 法测序的核心原理是利用 DNA 聚合酶不能够区分 dNTP 和 ddNTP 的特性，使 ddNTP 掺入寡核苷酸链的 3′端。Gilbert 的化学降解法原理是用化学试剂在 A、G、C、T 处特定地裂解 DNA 片段，产生一簇各种长度的短链（等差数列 $n=1$）混合物，经过凝胶电泳和放射自显影后，可以直接读出 DNA 的顺序
教学难点	第二代测序技术的基本流程如下。 第一步：将待测的 DNA 进行片段化 第二步：将片段化的基因组 DNA 两侧连上接头，随后用不同的方法产生几百万个空间固定的 PCR 克隆阵列，将上述的 DNA 片段进行固定 第三步：对片段化的 DNA 进行 PCR 扩增延伸或引物杂交，每个延伸反应所掺入的荧光标记的成像检测也能同时进行，获得多拷贝 第四步：在扩增过程中读取序列（DNA 序列延伸和成像检测不断重复，最后经过计算机分析就可以获得完整的 DNA 序列信息）。其核心就是在 DNA 片段进行扩增时，要么加入的 dNTP 通过酶促级联反应催化底物激发荧光，要么直接加入被荧光化的 dNTP 或半兼并引物，在合成或连接生成互补链时释放出荧光信号，然后通过捕获荧光信号并转化为一个测序峰值，从而获得互补链的序列信息
教学进程与方法手段	**课程导入**：展示实验室所使用的 PCR 扩增仪，虽然学生都知道如何使用它，但是对于它的工作原理却不是很明确。以图片加问题的形式导入本节知识——聚合酶链反应原理。展示自 1998 年以来全球范围内每年发表基因组文章的数量及 DNA 测序研究趋势的图片，强调 DNA 测序技术的重要性

教学进程与 方法手段	**采用直观讲解的方式对 PCR 原理进行陈述:** 　　首先将双链 DNA 分子在临近沸点的温度下加热分离成两条单链 DNA 分子, DNA 聚合酶以单链 DNA 作为模板并利用反应混合物中的 4 种脱氧核糖核苷酸合成新的 DNA 互补 　　利用直观讲授的方式介绍 DNA 测序原理,包括 Sanger 法测序的核心原理、Gilbert 的化学降解法原理及第二代测序技术流程等内容
教学评价与 教学检测	PCR 是体外酶促合成特异 DNA 片段的一种方法,为最常用的分子生物学技术之一。典型的 PCR 由高温变性模板、引物与模板退火、引物沿模板延伸 3 步反应组成一个循环。通过多次循环反应, 使目的 DNA 得以迅速扩增。其主要步骤是: 将待扩增的模板 DNA 置高温下(通常为 93～94℃)使其变性解成单链;人工合成的两个寡核苷酸引物在其合适的复性温度下分别与目的基因两侧的两条单链互补结合, 两个引物在模板上结合的位置决定了扩增片段的长短;耐热的 DNA 聚合酶(Taq 酶)在 72℃将单核苷酸从引物的 3′端开始掺入, 以目的基因为模板从 5′→3′方向延伸, 合成 DNA 的新互补链 　　关于 DNA 测序技术, 在分子生物学研究中, DNA 的序列分析是进一步研究和改造目的基因的基础。目前用于测序的技术主要有 Sanger 等(1977)发明的双脱氧链末端终止法及 Maxam 和 Gilbert (1977)发明的化学降解法。这两种方法在原理上差异很大, 但都是根据核苷酸在某一固定的点开始, 随机在某一个特定的碱基处终止, 产生 A、T、C、G 4 组不同长度的一系列核苷酸, 然后在尿素变性的凝胶上电泳进行检测, 从而获得 DNA 序列。2008 年 4 月, Helico BioScience 公司的 Timothy 等在 *Science* 上报道了他们开发的真正的单分子测序技术, 也称为第三代测序技术。这项技术完全跨过了第二代测序技术依赖基于 PCR 扩增的信号放大过程, 真正实现了对每一条 DNA 分子的单独测序, 有着更快的数据读取速度, 应用潜能也势必超越先前的测序技术。第三代测序技术包括单分子实时测序技术和纳米孔测序(nanopore sequencing)技术。相比之下, 纳米孔测序更为先进

学术拓展	**1. 代表性生物化学研究工作 1**：Xu C，Qi FK，Kang LG，et al. 2010. Advance and application of real-time fluorescent quantitative PCR. Journal of Northeast Agricultural University 　　其详细介绍了实时荧光定量 PCR 的原理、影响因素、植物病害和遗传育种等方面的研究进展 **2. 代表性生物化学研究工作 2**：Jin YL. 2012. Progress research on PCR technology. Modern Agricultural Science and Technology 　　其详细介绍了 PCR 技术的原理及应用方面 **3. 代表性生物化学研究工作 3**：Sultan M，Schulz MH，Richard H，et al. 2008. A global view of gene activity and alternative splicing by deep sequencing of the human transcriptomes. Science，321（5891）：956-960 **4. 代表性生物化学研究工作 4**：Harris TD，Buzby PR，Babcock H，et al. 2008. Single molecule DNA sequencing of aviral genome. Science，320（5872）：106
主要参考文献	1. 王镜岩. 2002. 生物化学：上册. 3 版. 北京：高等教育出版社：513-522 2. 张丽萍，杨建雄. 2015. 生物化学简明教程. 5 版. 北京：高等教育出版社：277-295 3. 刘森. 2009. 聚合酶链反应. 6 版. 北京：化学工业出版社

学时九　核　　酶

课时来源	第三章　酶的作用原理
教学内容	1. 核酶的种类及功能 2. 核酶与蛋白酶的区别
教学目的	1. 掌握核酶的种类及功能 2. 掌握核酶与蛋白酶的区别
设计思想	本节的核心内容是对核酶的种类及功能、核酶与蛋白酶的区别的讲解。讲解本知识点时，采用归纳总结法。通过回顾酶的本质与本节知识建立联系，导入对核酶的讲解。介绍核酶的发现者，美国科学家托马斯·切赫和西德尼·奥尔特曼，两人因核酶的发现于 1989 年获得诺贝尔化学奖，引发学生对科学探究的热情。介绍核酶的种类、特点及核酶与蛋白酶的区别。在学法设计上，让学生用探索法、发现法去建构知识，掌握核酶与蛋白酶的区别，引起学生的学习兴趣
教学重点	基本知识点 1：核酶的种类及功能 基本知识点 2：核酶与蛋白酶的区别
教学难点	**难点说明：**核酶的作用机制及功能 　　**解决方法：**结合课件详细讲解核酶的作用机制，让学生更好地掌握核酶的功能。根据核酶分子的大小，核酶可以分为小核酶和大核酶，其中小核酶为 $40 \sim 154$nt。小核酶一般来源于某些动植物病毒的卫星 RNA，主要包括锤头状（hammerhead）核酶、发夹状（hairpin）核酶、D 型肝炎病毒（HDV）RNA、Varkud 卫星（Vs）核酶和 GlmS 核开关。小核酶又称为剪切型核酶，这类核酶的作用机制是只剪不接，催化自身 RNA 或不同的 RNA 分子，切下特异的核苷酸序列。大核酶（ribozyme）又称为剪接型核酶，这类核酶的作用机制是通过既剪又接的方式除去内含子（intron），本质上为 RNA 分子被磷酸二酯酶水解切割后，伴随着形成新的磷酸二酯键，即磷酸二酯键的转移反应或称为转酯反应

教学进程与 方法手段	课程导入：回顾酶的本质——酶是具有生物催化活性的生物大分子，酶包括蛋白质酶、核酶等，调动学生原有的知识储备，激发学生的学习兴趣，并与本节知识建立联系，导入核酶内容的讲解，指出核酶是具有催化功能的 RNA 分子 **采用直观讲解方式对核酶的作用机制及功能进行陈述：** 　　小核酶有一个共同的特点就是它们催化的反应是只切不接，能催化自身 RNA 或不同的 RNA 分子，切下特异的核苷酸序列。因此，这类核酶又称为剪切型核酶。剪切型核酶使用内部紧靠剪切点的一个核苷酸上的 2′-OH 为亲核基团，去取代剪切点上的磷酸二酯键的 5′-O，反应产物为带有 2′, 3′-磷酸二酯键的 RNA 和一个游离的 5′-OH。这样的反应与 RNA 的碱水解很相似，但核酶催化的是特定位置的单个磷酸二酯键的水解。Altman 等发现的大肠杆菌 RNA 内切酶就是一种典型的催化自身剪切的剪切型核酶。大核酶有几百个到几千个核苷酸，它们的特点就是既剪切又连接。也就是说，RNA 被磷酸二酯酶水解切割后，伴随着形成新的磷酸二酯键，即磷酸二酯键的转移反应或转酯反应。这类核酶分为Ⅰ型内含子核酶和Ⅱ型内含子核酶 　　Ⅰ型内含子核酶所催化的典型反应包括两步磷酸酯键转移反应的 RNA 剪接反应，在这个反应中需要镁离子、外源鸟苷酸或其磷酸化衍生物（GMP、GDP、GTP） 　　首先，一个外源鸟苷酸的 3′-OH 攻击 5′剪接位点的磷原子，并与内含子 5′的第一个核苷酸形成 3′, 5′-磷酸二酯键 　　其次，5′外显子的 3′-OH 攻击 3′剪接位点的磷原子，导致内含子的释放和外显子的连接 　　剪接反应释放出 5′端连有外源鸟苷酸的内含子，是Ⅰ型内含子自剪接反应的显著特征，在剪接反应完成之后，许多内含子还会催化自身的环化反应 　　天然四膜虫内含子核酶所催化的自剪接反应和环化反应均属于分子内转酯反应 　　Ⅱ型内含子自我剪接需要镁离子参加，但不需要鸟苷酸参与，而是由内含子中腺苷酸的羟基攻击 5′剪切位点，使 5′剪切位点断开，并形成"套索"状的中间物，然后是 3′剪切位点断开，两个外显子连接，同时释放出"套索"状的内含子
教学评价与 教学检测	酶是具有生物催化活性的生物大分子 核酶是具有催化功能的 RNA 分子

教学评价与 教学检测	核酶也是一种酶，既与蛋白质酶有共同的特点，也有自己独特的特点 在组成上：几乎所有的核酶都需要金属离子作为辅助因子，主要是镁离子。因为核酶在折叠成它所特有的三维空间结构时，由于它的磷酸核糖骨架带有大量的负电荷，因此它依赖于金属离子去中和磷酸基团的负电荷，以稳定其三维空间结构 在结构上：它们都具有特定的空间结构及活性中心结构。但蛋白质是由 20 多种不同的氨基酸组成的多肽聚合物，而核酶是由 4 种核苷酸组成的聚合物，所以核酶结构要比蛋白质酶的结构简单 在反应机制上：由于核酶的结构简单，从而决定了它所催化的反应有限且单调。它不像蛋白质那样有很多亲水的氨基酸，可以用它们的亲水侧链基团去参与反应。而核酶没有亲水基团，它主要通过互补碱基间的亲和力识别特异性结合底物，因此其作用的底物范围比蛋白酶窄
学术拓展	**1. 代表性生物化学研究工作 1**：Zhang CS，Wang WL，Hu PH，et al. 2000. Relationship between apoptosis induced with bcl-2 ribozyme and expression of p16, p21 in SMMC7721 cells. Journal of Cellular and Molecular Immunology 　　其详细介绍了核酶的功能 **2. 代表性生物化学研究工作 2**：Robertson MP，Scott WG，2007. The structural basis of ribozyme-catalyzed RNA assembly. Science，315（5818）：1549-1553 　　其详细介绍了核酶的结构 **3. 代表性生物化学研究工作 3**：Kim HK，Rasnik Ivan，Liu J，et al. Dissecting metal ion-dependent folding and catalysis of a single DNAzyme. Nature Chemical Biology，3：763-768 　　其详细介绍了 DNA 酶的结构与功能 **4. 代表性生物化学研究工作 4**：Martick M，Scott WG. 2008. Solvent structure and hammerhead ribozyme catalysis. Chemistry and Biology，15：332-342 　　其详细介绍了核酶的结构与分类 **5. 代表性生物化学研究工作 5**：Horning DP，Joyce GF. 2016. Amplification of RNA by an RNA polymerase ribozyme. PNAS，113（35）：9786

主要参考文献	1. 王镜岩. 2002. 生物化学: 上册. 3 版. 北京: 高等教育出版社: 384-431 2. 张丽萍, 杨建雄. 2015. 生物化学简明教程. 5 版. 北京: 高等教育出版社: 121-126 3. 刘森. 2009. 核酶. 6 版. 北京: 化学工业出版社

学时十　酶的结构与功能

课时来源	第三章　酶的作用原理
教学内容	1. 酶的分子组成中常含有辅助因子 2. 酶的活性中心 3. 同工酶
教学目的	1. 掌握酶的分子组成 2. 掌握酶的活性中心及作用机理 3. 了解同工酶是催化相同化学反应但一级结构不同的一组酶
设计思想	学生在生活中对酶已有较多接触，对于酶的概念及催化作用具有高效性的特点，学生具有初步的印象。有关酶活性的影响因素的实验探究，学生在设计实验、主动探究、理解及操作上可能会有相应的难度；如何通过对比、归纳及联系酶在生活中的应用，认识代谢与酶的密切关系，从而由感性认知上升到理性认知，对学生来说有一定难度。另外，本节课有较多的资料、图表及课外阅读，学生需要较强的理解、分析、驾驭信息的能力。在教学中要尽可能从学生熟悉的事例出发，将知识点联系到他们的实际生活，使学生易于接受 　　本节课的教学主要围绕以下两点：一是酶的活性中心分子组成及作用机理；二是举例同工酶的作用原理。在实施整合式生物化学教学过程中，**教师通过案例 1**（酶的活性中心分子组成及作用机理），在分析讨论的基础上归纳出要掌握的生物化学知识要点，明确酶活性中心作用的调节方式。**教师通过案例 2 讲解同工酶的作用原理**。在学习本节时学生要多结合实验结论，而不必刻意死背条文，真正做到融会贯通，这样既可加深对理论的理解，也有助于实践的应用
教学重点	基本知识点 1：酶的活性中心是酶分子中执行其催化功能的部位 基本知识点 2：同工酶是催化相同化学反应但一级结构不同的一组酶

教学难点	**1. 案例分析中涉及的代表性的研究工作：酶的活性中心是酶分子中执行其催化功能的部位** 　　难点说明：酶的活性部位对酶的整体结构具有较高的依赖性，酶活性部位的形成要求酶分子具有完整的天然空间结构，没有酶的整体空间结构就没有酶的活性部位 　　解决方法：采用归纳和演绎法 **2. 案例分析中涉及的代表性的研究工作：举例同工酶的作用原理** 　　难点说明：同工酶是由不同基因编码的多肽链，或由同一基因转录生成的不同 mRNA 所翻译的不同多肽链组成的蛋白质。同工酶概念较为抽象，学生比较难以理解 　　解决方法：采用案例分析和启发式教学。以乳酸脱氢酶和肌酸激酶同工酶系为例，举例说明同工酶的工作原理。明确同工酶存在于同一种属或同一个体的不同组织或同一细胞的不同亚细胞结构中，它使不同的组织、器官和不同的亚细胞结构具有不同的代谢特征，通过启发式教学，结合教学案例，加深学生对知识点的掌握
教学进程与方法手段	通过**归纳和演绎法**介绍基础知识点：酶的活性部位 **课程导入**：生物体内酶的多样性；酶的重要性介绍 **课程讲授**： 　　首先，通过图片展示酶的结构组成来详细介绍酶的活性部位的概念，进而引出酶活性中心的组成。酶的活性中心是酶分子中执行其催化功能的部位，这是本节教学的重点部分，要进行深刻讲解 　　其次，利用动画和模型图引导学生了解酶活性中心的组成，并梳理必需基团与非必需基团，使学生能够明确分辨这两者。就结合部位和催化部位对酶活性中心的功能特点进行介绍，以溶菌酶的活性中心为例进行分析讲述，酶的活性部位共同特点是：①酶的活性部位在酶分子整体结构中只占相当小的一部分；②酶的活性部位是酶整体三维立体结构的一部分，其形状、大小、电荷性质等方面与底物分子具有较好的互补性；③酶的活性部位分为必需基团和非必需基团，其中必需基团中含有催化基团和结合基团；④酶的活性部位具有柔性，在酶和底物结合的过程中，酶分子和底物分子的构象均发生了一定的变化才形成互补结构；⑤酶的活性部位通常在酶的表面空隙或裂缝处，形成促进底物结合的优越的非极性环境

教学进程与 方法手段	最后，通过对流程图的重点分析来介绍酶原激活。先介绍酶原及酶原激活过程的实质，并总结出酶原激活的生理意义。通过流程图介绍酶原的作用机理，使学生掌握有些酶的活性基团是到达细胞之外的某个部位之后才形成的。以胰蛋白酶原的激活和胃蛋白酶原的激活为例进行分析，使学生加深对知识的印象，并能用所学到的知识进一步解释其他酶原的激活过程，达到举一反三、灵活运用的目的 　　进行课堂小结，对知识进行简单的梳理，并通过一系列问题的思考和讨论加深学生对本节知识点的印象
教学评价与 教学检测	**题目1：概述酶活性部位的概念、组成与特点** 　　**解题思路：**酶的活性部位是它结合底物和将底物转化为产物的区域，通常是整个酶分子中相当小的一部分，它是由在线性多肽链中可能相隔很远的氨基酸残基形成的三维实体。活性部位通常在酶的表面空隙或裂缝处，形成促进底物结合的优越的非极性环境。在活性部位，底物被多重的弱的作用力结合，在某些情况下被可逆的共价键结合。酶键合底物分子，形成酶-底物复合物。酶活性部位的活性残基与底物分子结合，首先将它转移为过渡态然后生成产物，释放到溶液中。这时游离的酶又与另一分子底物结合，开始它的再一次循环 　　酶的活性部位共同特点：酶的活性部位都位于酶分子表面，呈裂缝状，都有两个功能部位，第一个是结合部位，由一些参与底物结合的有一定特性基团组成；第二个是催化部位，由一些参与催化反应的基团组成，底物的键在此被打断或形成新的键 　　**该题目的设置主要是为了培养学生对材料的整理、分析和综合应用的能力，培养学生的逻辑思维能力和对知识点的整体把握能力** **题目2：以乳酸脱氢酶（LDH）为例，同工酶的生理及病理意义是什么** 　　**解题思路：**乳酸脱氢酶由M、H两种亚基组成。存在于心肌中的LDH主要由4个H亚基构成（LDH1）；存在于骨骼肌及肝中的则主要由4个M亚基构成（LDH5）。其他不同的组织中所存在的LDH，其H亚基及M亚基的组成比例各有不同，可组成H4（LDH1）、H3M（LDH2）、H2M2（LDH3）、HM3（LDH4）及M4（LDH5）5种LDH同工酶。这5种同工酶在各器官中的分布和含量不同，各器官组织都有其各自特定的分布酶谱。心肌富含H4，故当急性心肌梗死时或心肌细胞损伤时，细胞内的LDH释入血中，从同工酶谱的分析中鉴定为H4增高，则有助于该病的诊断

教学评价与 教学检测	该题目的设置主要是为了培养学生理论联系实际的能力，激发学生对知识点的兴趣，并能使学生举一反三，灵活运用知识解决现实生活中的问题
学术拓展	**1. 代表性生物化学研究工作 1**：Miller BG，Wolfenden R. 2002. Catalytic proficiency：The unusual case of OMP decarboxylase. Annual Review of Biochemietry，71：847-885 　　其是一篇提出酶分子组成和作用机理的研究论文 **2. 代表性生物化学研究工作 2**：Hammes-Schiffer S，Benkovic SJ. 2006. Relating protein motion to catalysis. Annual Review of Biochemietry，75：519-541 　　其是一篇提出酶构象变化在其催化机制中作用的研究论文 **3. 代表性生物化学研究工作 3**：Gilson MK，Honig BH. 1987. Calculation of electrostatic potentials in an enzyme active site. Nature，330（6143）：84-86 　　其是一篇提出酶活性中心作用机理的研究论文 **4. 推荐阅读文献**：Tsou CL. 1993. Conformational flexibility of enzyme active sites. Science，282：380-381 　　其是一篇提出酶活性部位柔性理论的研究论文
主要参考文献	1. 王镜岩. 2002. 生物化学：上册. 3 版. 北京：高等教育出版社 2. 马文丽. 2014. 生物化学. 2 版. 北京：科学出版社：51-70 3. 张丽萍，杨建雄. 2015. 生物化学简明教程. 5 版. 北京：高等教育出版社：114-146 4. Nelsow DL，Cox MM. 2000. Lehninger Principles of Biochemistry. 3rd ed. New York：Worth Publishers：189-242 5. Nelsow DL, Cox MM. 2000. Lehninger 生物化学原理(中文版). 3 版. 周海梦，昌增益，江凡，等泽. 北京：高等教育出版社：207-242

学时十一　胰凝乳蛋白酶

课时来源	第三章　酶的作用原理
教学内容	1. 酶的工作原理 2. 酶通过促进底物形成过渡态而提高反应速率 3. 酶作用机制的实例（胰凝乳蛋白酶）
教学目的	1. 掌握酶的工作原理 2. 掌握胰凝乳蛋白酶的作用机制
设计思想	在之前的课程中，我们已经详细讲述了酶的作用原理。有关酶的专一性、酶活性的影响因素的实验探究，学生在理解及操作上可能会有相应的难度；如何通过对比、归纳及联系酶在生活中的应用，认识代谢与酶的密切关系，从而由感性认知上升到理性认知，对学生来说有一定难度。另外，本节课有较多的资料、图表及课外阅读，学生需要较强的理解、分析、驾驭信息的能力 　　本节课的教学主要围绕以下两点：一是掌握酶的工作原理，通过课堂观察、讨论培养学生的分析能力和抽象概括能力。二是掌握胰凝乳蛋白酶的作用机制，通过科学的教学设计引起学生的学习兴趣，培养学生对学习产生积极的态度。在实施整合式生物化学教学过程中，**教师通过案例 1（掌握酶的工作原理）**，在分析讨论的基础上归纳出要掌握的生物化学知识要点，明确酶的高效性、专一性和可调节性的作用原理。**教师通过案例 2（掌握胰凝乳蛋白酶作用机理）**，层层设问，引入酶的作用机制的实例，激发学生的学习兴趣
教学重点	基本知识点 1：酶的工作原理 基本知识点 2：掌握胰凝乳蛋白酶的作用方式
教学难点	**1. 案例分析中涉及的代表性的研究工作：酶的工作原理** 　　难点说明：由于本节内容是分子水平的抽象知识，学生没有任何感性经验，特别是对于酶的高效性、专一性和可调节性的 3 个特点，学生不易理解，因此将该环节作为教学的难点

教学难点	解决方法：采用类比和归纳法。类比酶的高效性、专一性和可调节性，本节课有较多的资料、图表及课外阅读，学生需要较强的理解、分析、驾驭信息的能力。在教学中要尽可能从学生熟悉的事例出发，将知识点联系到他们的实际生活中，使学生易于接受 **2. 案例分析中涉及的代表性的研究工作：胰凝乳蛋白酶作用方式** 　　难点说明：胰凝乳蛋白酶作为最早被发现的蛋白酶之一，其作用机制被研究得较为透彻，这也是课程学习的难点 　　**解决方法：采用案例导入和问题启发教学法。**胰凝乳蛋白酶的作用方式分为几个阶段？胰凝乳蛋白酶的催化机制是多种催化机制的协同作用，在结合底物过程中，各种结合基团协同作用，在促进底物进入过渡态中间产物过程中酶是如何作用的
教学进程与方法手段	**教学进程 1：通过类比和归纳法介绍基础知识点，即酶的作用原理** **课程导入**：通过讲述法，讲解酶的结构特点引出胰凝乳蛋白酶的结构特点 **课程讲授：** 　　首先，以图示和动画结合的形式介绍酶的作用原理，归纳概念，举例分析。胰凝乳蛋白酶的作用过程大致可分为两个阶段，第一步为乙酰复合体的形成，称为酰化作用；第二步为乙酰复合体通过水解再生为游离的酶，称为脱酰作用 　　其次，从学生熟悉的事例出发，通过胰凝乳蛋白酶和胃凝乳蛋白酶的讲解使学生将知识点联系到他们的实际生活中，便于学生接受 **教学进程 2：通过案例导入和问题启发教学法介绍基础知识点，即胰凝乳蛋白酶作用方式** **课程导入**：通过一张胰腺炎的查体报告单来引入胰凝乳蛋白酶 **课程讲授：** 　　首先，以图示和动画结合的形式介绍胰凝乳蛋白酶的分子结构，并通过归纳总结的方法向学生讲述蛋白酶的概念。举例分析，对内容进行反复推敲 　　其次，以胰脏和小肠中的胰凝乳蛋白酶原为例来介绍胰凝乳蛋白酶原的激活过程，分别指出胰凝乳蛋白酶作用方式的两个阶段。归纳概念，举例分析

教学进程与 方法手段	最后，利用详细的动画来介绍胰凝乳蛋白酶的催化过程，主要包括酶与底物的结合过程、酰化作用阶段、脱酰作用阶段。这一部分是本节课的教学重难点，将通过图示与动画相结合，再配以板书，详细讲解，深层挖掘，使学生能够牢固理解和掌握，攻克这一难点。主要采用归类式教学，介绍胰凝乳蛋白酶的催化机制是多种催化机制的协同作用，分 7 步介绍胰凝乳蛋白酶的作用方式。环环相扣，引出胰凝乳蛋白酶的作用过程 进行课堂小结，对知识进行简单的梳理，并通过一系列问题的思考和讨论加深学生对本节知识点的印象
教学评价与 教学检测	**题目 1：酶的诱导契合学说是如何解释酶的专一性的** 解题思路：在生物反应中，酶和底物结合时，底物的结构和酶的活动中心的结构十分吻合，就好像一把钥匙配一把锁。酶的这种互补形状，使酶只能与对应的化合物契合，从而排斥了那些形状、大小不适合的化合物，这就是锁钥学说，是诱导契合学说的前身。诱导契合学说指出，酶并不是事先就以一种与底物互补的形状存在，而是在受到诱导之后才形成互补的形状。底物一旦结合上去，就能诱导酶蛋白的构象发生相应的变化，从而使酶和底物契合而形成酶-底物络合物，并引起底物发生反应。反应结束，当产物从酶上脱落下来后，酶的活性中心又恢复了原来的构象 该题目的设置主要是为了培养学生思维的逻辑性，激发学生对生物学知识的热爱和探索精神，培养学生勇于探索、敢于钻研的科研精神 **题目 2：胰凝乳蛋白酶作用过程** 解题思路：该过程大致可分为两个阶段，第一步为乙酰复合体的形成，称为酰化作用；第二步为乙酰复合体通过水解再生为游离的酶，称为脱酰作用。①底物与酶的结合，使被断裂的肽键刚好处于酶催化部位，色氨酸附近的一个疏水口袋决定了酶的专一性；②组氨酸从色氨酸得到质子，形成一个过渡态四面体中间物；③该四面体中间物中的 C—N 键非常脆弱，很快断裂，第一个产物被排出，形成共价中间复合物，组氨酸可提供质子，促进反应过程；④水分子结合到酶的活性部位；⑤组氨酸从水分子得到质子，产生另一个过渡态四面体中间物；⑥中间产物在组氨酸提供的质子作用下瓦解，色氨酸羟基氧得到质子得以还原；⑦第二个产物从酶脱离，反应结束

教学评价与 教学检测	该题目的设置在于检查学生对基本知识的掌握情况，进一步梳理知识框架，并能使学生举一反三，灵活运用知识解决现实生活中的问题
学术拓展	**1. 代表性生物化学研究工作 1**：Kraut J. 1988. How do enzymes work？Science，242：533-540 　　其为阐述酶作用机制的论文 **2. 代表性生物化学研究工作 2**：Tsou CL. 1993. Conformational flexibility of enzyme active sites. Science，282：380-381 　　其为创新性地提出酶活性部位柔性理论的论文 **3. 代表性生物化学研究工作 3**：Kirby AJ. 2001. The lysozyme mechanism sorted-after 50 years. Nat Struct Biol，8：737-739 　　其为很好地综述溶菌酶催化作用及其机制的论文 **4. 代表性生物化学研究工作 4**：Ehrmann M，Clausen T. 2004. Proteolysis as a regulatory mechanism. Annual Review of Biochemietry，38：709-724 　　其为对生物体内由蛋白酶催化的蛋白质水解反应的生理功能进行的综述 **5. 推荐阅读文献**：Manning G，Whyte DB，Martinez R，et al. 2002. The protein kinase complement of the human genome. Science，298：1912-1934
主要参考文献	1. 王镜岩. 2002. 生物化学：上册. 3 版. 北京：高等教育出版社：384-431 2. 马文丽. 2014. 生物化学. 2 版. 北京：科学出版社：51-70 3. 张丽萍，杨建雄. 2015. 生物化学简明教程. 5 版. 北京：高等教育出版社：114-146 4. Nelsow DL，Cox MM. 2000. Lehninger Principles of Biochemistry. 3rd ed. New York：Worth Publishers：189-242 5. Nelsow DL，Cox MM. 2000. Lehninger 生物化学原理(中文版). 3 版. 周海梦，昌增益，江凡，等泽. 北京：高等教育出版社：207-242

学时十二　酶的竞争性抑制

课时来源	第三章　酶的作用原理
教学内容	1. 竞争性抑制的定义及抑制剂的特点 2. 磺胺类药物的抗菌原理
教学目的	1. 掌握竞争性抑制的定义及抑制剂的特点 2. 掌握磺胺类药物的抗菌原理
设计思想	本节的核心内容是对竞争性抑制的定义、抑制剂（inhibitor）的特点及磺胺类药物的抗菌原理的讲解。讲解这些知识点时，注意与生活实际相联系。采用开门见山的方式指出，本节课将要学习的内容为酶的可逆性抑制中比较重要的一种抑制作用，即竞争性抑制。接着与生活实际相联系，说明它为什么重要。在医学上，大部分抗菌药物的合成及作用机制都源于酶的竞争性抑制作用。例如，当身体出现炎症发生细菌感染时，人们通常会服用抗生素类药物，如磺胺类药物，而这种消炎抗菌的生化原理就源于酶的竞争性抑制。通过讲解有效地激发学生的好奇心和求知欲。 　　结合图片进行讲解，引出各知识点，包括竞争性抑制的定义及抑制剂的特点、磺胺类药物的抗菌原理等内容。抑制剂是指可以跟酶结合并使酶的催化活性下降的一类化学物质。根据抑制作用的方式，通常将抑制剂分为两类：一类是不可逆性抑制剂；另一类是可逆性抑制剂。而竞争性抑制正是可逆性抑制剂对酶产生抑制作用的一种方式。抑制剂抑制了酶的活性，而酶的活性是指单位时间内，酶的活性中心与底物进行结合，并催化底物转变为产物的能力。因此，抑制剂抑制酶的活性在此是指抑制了酶与底物的结合和催化 　　酶的这类竞争性抑制剂有两个显著的特点：第一个特点是它的分子结构与底物的结构相似，而这种结构的相似性最终导致它可以与底物共同竞争酶活性中心的结合部位，也就是说底物可以跟酶活性中心的结合部位结合，竞争性抑制剂也可以跟酶的结合部位结合，一旦酶的活性中心的结合部位被竞争性抑制剂占据，酶的活性便受到抑制。竞争性抑制剂的第二个特点，就是它与酶

设计思想	的结合是可逆的，这就意味着这种抑制剂可以跟酶结合，那么在结合时酶的活性会受到抑制。当然也可以跟酶解离，而在解离之后酶的活性恢复正常。其原因是这类抑制剂跟酶的活性中心的某些基团是通过非共价键结合的，而非共价键是一种比较弱的次级键，这就表明两者的结合是一种松弛的结合，容易形成也容易被打破 　　在学法设计上，让学生用自主学习、合作学习法去建构知识，了解竞争性抑制剂的特点、磺胺类药物的抗菌原理等内容，引起学生的学习兴趣。
教学重点	基本知识点 1：竞争性抑制剂的特点 基本知识点 2：磺胺类药物的抗菌原理
教学难点	难点说明：磺胺类药物的抗菌原理这部分内容具有一定的微观性，内容较为抽象，因此学生理解起来比较困难 　　解决方法：结合示意图进行讲解，将抽象的问题具体化、形象化，符合学生的思维特点，容易理解。竞争性抑制剂与酶的结合是由非共价键维系的一种松弛的结合，抑制剂可以通过透析和超滤的方法除去，酶与抑制剂的结合容易形成也容易被打破，两者处于解离与结合的动态平衡中。当抑制剂与酶的活性中心解离时，底物可以跟这类抑制剂竞争，底物一旦竞争下来之后，酶又恢复了活性。同样，酶与底物的结合也是一种非共价键的结合，酶与底物也处于解离与结合的动态平衡中。当底物与酶的活性中心解离时，抑制剂便有机会跟底物再竞争酶的活性中心。抑制剂与底物共同竞争酶的活性中心的结合部位，而竞争的能力便取决于两者的浓度，谁的浓度高，谁的竞争力就强。如果底物的浓度远远高于抑制剂的浓度，底物便把酶的结合部位竞争下来。反之，抑制剂的浓度高于底物浓度的话，抑制剂便占领酶的活性部位。而磺胺类药物作为一种竞争性抑制剂的杀菌机制正是源于此
教学进程与方法手段	课程导入：开门见山地指出本节课将要学习的内容为酶的可逆性抑制中比较重要的一种抑制作用，它就是竞争性抑制。然后与生活实际相联系，说明它为什么重要，在医学上，大部分抗菌药物的合成及作用机制都源于酶的竞争性抑制作用。例如，当身体出现炎症发生细菌感染时，大家通常会服用抗生素类药物，如磺胺类药物。而这种消炎抗菌的生化原理就源于酶的竞争性抑制，有效激发学生的好奇心和求知欲

教学进程与方法手段	**采用直观讲解的方式对酶的竞争性抑制作用进行陈述：** 　　它是指抑制剂与底物的结构相似或部分相似，能与底物竞争酶的活性中心，从而阻碍酶-底物复合物的形成，使酶的活性降低 　　在这里，抑制剂除了使酶的活性降低外，还会影响到酶促反应中两个重要的参数，即米氏常数（K_m）和最大反应速率（V_{max}）。首先，分析 K_m。它直接指示的是酶和底物的亲和力，因竞争性抑制剂的分子结构与底物结构相似，与底物竞争酶的活性中心，所以抑制剂与酶的结合势必减弱了底物与酶的结合，也就是降低了酶与底物的亲和力，所以 K_m 增大 　　而最大反应速率 V_{max} 是指当底物浓度远远超过酶浓度时，也就是底物浓度达到无穷大的时候，此时 V_{max} 与酶浓度成正比，所得到的最大反应速率。那么试想在一个酶促反应中，当底物的浓度在无穷大时，竞争性抑制剂的作用微乎其微，所以 V_{max} 与抑制剂无关，只与底物和酶的浓度有关，所以竞争性抑制不会改变 V_{max}
教学评价与教学检测	酶的抑制剂：凡能使酶的催化活性下降而不引起酶蛋白变性的物质称为酶的抑制剂 　　抑制作用的类型：不可逆性抑制、可逆性抑制 　　磺胺类药物作为一种竞争性抑制剂的杀菌机制正是源于此。首先，磺胺类药物是细菌体内二氢叶酸合成酶的竞争性抑制剂，因为磺胺类药物与二氢叶酸合成酶的 3 个底物之一的对氨基苯甲酸结构类似，会竞争性地与二氢叶酸合成酶结合，阻碍对氨基苯甲酸、二氢蝶呤及谷氨酸形成二氢叶酸，而二氢叶酸是合成四氢叶酸的原料，四氢叶酸是叶酸在生物体内活性形式，通常作为生物体内一碳单位转移酶的辅酶，携带一碳单位参与多种生物合成过程，如甲硫氨酸、嘌呤类和胸腺嘧啶的生物合成。也就是说，当人体内出现细菌感染而产生炎症时，服用磺胺类药物后，磺胺类药物作为二氢叶酸合成酶的抑制剂抑制细菌体内二氢叶酸的合成，进而抑制四氢叶酸的合成，最终导致细菌体内嘌呤及胸腺嘧啶核苷酸的合成受阻，细菌无法复制分裂而死亡，这就是磺胺类药物的抑菌原理。在这有同学可能会有疑问，那磺胺类药物既然最终导致细菌体内嘌呤及胸腺嘧啶核苷酸的合成受阻，细菌无法复制分裂而死亡，那我们人体内的二氢叶酸合成酶不也因此而失活，我们细胞内的 DNA 因嘌呤及胸腺嘧啶的供给不足而也无法分裂。在这要告诉大家，我们人体内不能合成叶酸，叶酸的获得都是通过膳食提供的，所以磺胺类药物不影响人体的代谢。当然

教学评价与 教学检测	要特别强调的是，磺胺类药物的首次剂量要加倍，且第一天每间隔 4 小时服药一次，这都是为了让抑制剂的浓度远远超过底物的浓度，抑制细菌体内二氢叶酸合成酶的活性，第一时间阻止细菌的繁殖
学术拓展	**1. 代表性生物化学研究工作 1**：Adibekian A，Martin BR，Wang C，et al. 2011. Click-generated triazole ureas as ultrapotent *in vivo*-active serine hydrolase inhibitors. Nature Chemical Biology，7（7）：469-478 　　其详细介绍了酶的竞争性抑制 **2. 代表性生物化学研究工作 2**：La J，Latham CF，Tinetti RN，et al. 2015. Identification of mechanistically distinct inhibitors of HIV-1 reverse transcriptase through fragment screening. Proceedings of the National Academy of Sciences of the United States of America，112（22）：6979-6984 　　其详细介绍了逆转录酶抑制剂及其应用
主要参考文献	1. 王镜岩. 2002. 生物化学：上册. 3 版. 北京：高等教育出版社：384-431 2. 马文丽. 2014. 生物化学. 2 版. 北京：科学出版社：51-70 3. 张丽萍，杨建雄. 2015. 生物化学简明教程. 5 版. 北京：高等教育出版社 4. Nelsow DL，Cox MM. 2000. Lehninger Principles of Biochemistry. 3rd ed. New York：Worth Publishers：189-242 5. Nelsow DL，Cox MM. 2000. Lehninger 生物化学原理（中文版）. 3 版. 周海梦，昌增益，江凡，等泽. 北京：高等教育出版社：207-242

学时十三　蛋白质的 *N*-糖基化

课时来源	第四章　糖　生　物　学
教学内容	1. 糖复合物引论 　1.1　糖复合物的概念 　1.2　糖复合物的分类 2. 糖蛋白 　2.1　*N*-糖基化修饰 　2.2　黏蛋白型 *O*-糖基化修饰 　2.3　*O*-连接的 *N*-乙酰葡萄糖胺（*O*-GlcNAc）修饰
教学目的	1. 了解糖复合物的概念、分类及生物学意义 2. 掌握 *N*-糖基化修饰、*O*-糖基化修饰及 *O*-GlcNAc 修饰的结构与功能 3. 了解蛋白质 *N*-糖链的合成过程
设计思想	本章节的教学内容以之前学习的单糖及聚糖的知识为基础，重点学习糖复合物的引论及糖蛋白的结构和功能。在具体讲解中，需要进行两个方面的考虑 　　一方面，本章节内容属于糖生物学。糖生物学的知识点相对分散，逻辑性较弱；并且糖生物学作为近 20 年快速发展的一个分支学科，许多糖复合物的功能和作用机制尚未有确切的结论，所以在教学内容选取方面，侧重糖复合物的分类、结构与合成机制，对相关功能和作用机制只进行概括性的描述 　　另一方面，学生虽然已经对单糖的种类、性质及聚糖的结构有了一定了解，但在传统生化教学内容中糖类化合物主要作为结构组分或能量的来源，学生往往缺乏对糖链及糖复合物生物学意义的概念性认识，这阻碍了其对糖复合物的理解 　　据此，本章节的教学内容可以通过循序渐进的方式来讲解：①首先使用多种实例，使学生了解糖复合物的生物学意义，并引出糖复合物的概念和种类；②糖蛋白的讲解侧重 *N*-糖蛋白，包括其结构、合成机制及功能；③在 *N*-糖蛋白的基础上，通过对比来讲解黏蛋白型 *O*-糖基化及 *O*-GlcNAc 修饰的结构与功能

教学重点	基本知识点 1：糖复合物的概念及分类 基本知识点 2：*N*-糖基化及 *O*-糖基化的结构、分类及功能
教学难点	**1. 糖复合物的概念** 　　**难点说明**：在传统生化教科书中，糖类主要是作为纤维素、肽聚糖等结构组分或淀粉等能量来源，而糖生物学的研究进展不断表明糖链（glycan）与蛋白质和脂类等结合后可以赋予这些分子多样的生物学功能，其生物学意义远非单纯的结构组分或能量来源，而应作为一类具有多种生物活性的高分子来学习。所以，在具体讲解糖复合物的教学内容之前，需要首先帮助学生对糖复合物的概念和生物学意义有一正确的认识 　　**解决方法**：采用实例法。关于糖复合物的生物学意义已有许多确切的证据，包括蛋白质的糖基化修饰、糖脂、唾液酸等。选择 ABO 血型、炎症发生、HIV 免疫逃避等学生熟悉的知识为起始，通过图片或视频，引导学生明白这些现象背后的糖生物学知识，帮助其对糖复合物有概念性的认识 **2. *N*-糖链的结构** 　　**难点说明**：之前学习的聚糖只是一种或几种单糖的多聚物，而在 *N*-糖链中多种单糖可以通过不同方式连接，使 *N*-糖链本身的结构具有多样性，此外还有多种修饰方式，使成熟 *N*-糖链结构相对复杂，对学生而言较难理解 　　**解决方法**：分步讲解。可以将 *N*-糖链结构拆分成几个小的知识点，如"*N*-"的含义、*N*-糖链的核心结构、*N*-糖链三大类型、*N*-糖链的其他修饰；然后结合真核生物中 *N*-糖基化的过程，让学生从结构本身和合成机制两方面理解 *N*-糖链的结构及不均一性
教学进程与 方法手段	**教学进程 1**：通过实例使学生了解糖复合物的生物学意义，并引出糖复合物的概念和分类 **课程导入**：从传统"糖"的概念引导学生思考糖类化合物其他的功能；通过中心法则的延伸引入糖复合物的概念 **课程讲授**： 　　首先，通过普通人理解的"糖"及传统生化讲解的"糖"引发学生思考，糖类化合物有无更重要的生物学功能？以大家熟悉的中心法则为起始，讲解生物信息的流向，引出糖复合物的概念；并通过"糖萼"的电镜照片及模式图，使学生理解糖复合物是生物体的重要组成部分

教学进程与 方法手段	其次，使用 ABO 血型糖链、白细胞在血管内皮的"滚动"及 HIV 病毒通过外壳丰富的糖链进行免疫逃避 3 个例子，使学生对糖复合物的生物学意义有整体性的认识 　　最后，给出糖复合物的概念，继而根据糖链所连接分子的不同，给出糖复合物的分类：糖蛋白、糖脂和蛋白聚糖等 **教学进程 2**：通过分步讲解，从 *N*-糖链的连接方式、糖链的结构到真核生物内 *N*-糖基化过程来讲述 *N*-糖基化，并引导学生总结出其功能 **课程导入**：通过人体蛋白质糖基化的普遍性引入问题，提问糖蛋白中"*N*-"及"*O*-"的含义，引导学生思考糖类的连接方式，开始 *N*-糖基化的学习 **课程讲授**： 　　首先，介绍"*N*-"连接的含义，并对 GlcNAc、Man、Gal 和 Fuc 等组成 *N*-糖链的主要单糖的结构进行介绍 　　其次，使用 *N*-糖链的模式图，逐步讲解 *N*-糖链的核心结构、*N*-糖链三大类型及 *N*-糖链的其他修饰 　　再次，以哺乳动物为例，介绍在内质网和高尔基体中 *N*-糖基化发生的过程，并穿插讲解 *N*-糖链的结构 　　最后，引导学生利用已有的蛋白质性质及细胞生物学知识，归纳得出 *N*-糖基化对蛋白质本身及对细胞的主要作用 **教学进程 3**：通过与 *N*-糖基化的对比，逐步讲解黏蛋白型 *O*-糖基化及 *O*-GlcNAc 修饰的知识点 **课程导入**：通过提问口腔或鼻腔的"黏液"成分，并展示肠黏膜的电镜照片，引入黏蛋白及黏蛋白型 *O*-糖基化的概念 **课程讲授**： 　　首先，介绍"*O*-"连接的含义，通过与 *N*-糖链对比，讲解 *O*-糖链的结构及合成过程 　　其次，提问学生对"磷酸化"的认识程度，以此为基础，结合"阴阳"的概念，讲解 *O*-GlcNAc 的生物学意义 　　最后，进行课堂小结，对知识进行简单的梳理，突出糖复合物的生物学意义及 *N*-糖基化
教学评价与 教学检测	**题目 1**：人的正常体细胞表面一般会出现哪些糖复合物 　　**解题思路**：糖复合物是指糖链与其他高分子共价结合成的复合分子，其中糖链可以作为修饰基团与蛋白质或脂类分子结合，分布于细胞膜表面；也可以作为主体与蛋白质复合成高分子质量的蛋白聚糖，构成胞外基质

教学评价与 教学检测	该题目的设置在于检测学生对糖复合物的理解，加深学生对糖复合物生物学意义的认识 题目 2：*N*-糖蛋白与黏蛋白型 *O*-糖蛋白的糖链组成及功能有何差别 　　解题思路：*N*-糖蛋白一般以蛋白质为主要部分，糖链组成较为复杂，主要作为一种修饰，对蛋白质提供保护和添加标签的作用；而黏蛋白中 *O*-糖链组成简单，但可以作为主要部分与蛋白质复合成为高分子质量糖蛋白，水合能力高，主要起到保护及提供糖结合位点的作用 　　该题目的设置主要在于帮助学生通过比较对知识点进行梳理，加深对两种糖基化修饰的结构和功能的理解
学术拓展	代表性生物化学研究工作：Varki A，Lowe JB. 2009. Biological Roles of Glycans. *In*：Varki A，Cummings R，Esko J，et al. Essentials of Glycobiology. 2nd ed. New York：Cold Spring Harbor Laboratory Press 　　其为《糖生物学基础》的第二版，详细介绍了糖生物学各分支的进展，尚无中文翻译
主要参考文献	1. Nelson DL，Cox MM. 2000. Lehninger Principles of Biochemistry. 6th ed. New York：Worth Publishers：241-280 2. Varki A，Cummings R，Esko J，et al. 2003. 糖生物学基础. 张树政，王克夷，崔肇春，等译. 北京：科学出版社：61-260

学时十四　蛋白质的 O-糖基化

课时来源	第四章　糖　生　物　学
教学内容	1. GalNAc 糖基化 　　1.1　黏蛋白与 O-GalNAc 糖基化 　　1.2　GalNAc 糖基化的结构、合成与功能 　　1.3　N-糖基化与 O-GalNAc 糖基化的比较 2. O-GlcNAc 修饰 　　2.1　O-GlcNAc 修饰的发现、特征 　　2.2　O-GlcNAc 修饰与磷酸化修饰 　　2.3　O-GlcNAc 修饰的功能
教学目的	1. 掌握 O-GalNAc 糖基化的结构及功能 2. 掌握 O-GlcNAc 修饰的特征与生物学意义
设计思想	O-糖基化是蛋白质糖基化修饰的常见形式，该类修饰具有重要的生物学意义。广义上讲，O-糖基化包括所有与蛋白质 Ser/Thr 的侧链羟基共价连接的糖基化修饰，包括 GalNAc、GlcNAc、甘露糖及岩藻糖等修饰。为了简化教学内容，本章节主要介绍 O-糖基化的最常见形式——O-GalNAc 修饰，这也是狭义 O-糖基化的含义。在其余的 O-糖基化形式中，选取生物学意义最为重要的 O-GlcNAc 修饰，以拓宽学生的知识面 　　第一部分讲解 O-GalNAc 修饰。该修饰一方面如同 N-糖基化，可以作为糖蛋白的一种普遍修饰；另一方面，O-GalNAc 修饰最常见的形式是构成黏蛋白，使得该修饰也称为黏蛋白型 O-糖基化。O-GalNAc 修饰的结构与功能在很大程度上依赖于黏蛋白的结构与功能，在讲解过程中有可能使学生的关注点在黏蛋白而非 O-GalNAc 糖链。因此，本部分内容计划先引入黏蛋白，再讲解 O-GalNAc 糖蛋白的分类，然后依次讲解 O-GalNAc 的结构、合成及功能。由于直接引入黏蛋白容易使学生感觉陌生和枯燥，因此在最开始以与每个人密切相关的肠道微生物为起点，引入黏液层，然后引入黏蛋白。由于 O-GalNAc 糖基化修饰的知识点相对松散，计划本部分最后通过在结构、合成、功能 3 个方面对比 O-GalNAc 糖基化修饰与 N-糖基化修饰，以起到知识梳理和加强记忆的效果

设计思想	第二部分讲解 *O*-GlcNAc 修饰。该修饰涉及生命活动的许多方面，为简化内容，本部分选取最基本的知识点，使学生容易掌握。*O*-GlcNAc 修饰的结构与合成简单，但具有重要的生物学意义。为了让学生意识到该修饰的重要性，在简单介绍 *O*-GlcNAc 修饰的发现史后，介绍具有该修饰丰富的蛋白质种类，然后通过 *O*-GlcNAc 修饰与普通糖基化的不同，引出其与磷酸化修饰的关系，并以此为基础讲解 *O*-GlcNAc 修饰的功能
教学重点	基本知识点 1：黏蛋白与 *O*-GalNAc 糖基化 基本知识点 2：*O*-GalNAc 糖链的结构与合成 基本知识点 3：*O*-GalNAc 糖基化的功能
教学难点	**黏蛋白与 *O*-GalNAc 糖基化** 　　**难点说明**：一方面，*O*-GalNAc 糖基化虽然称为黏蛋白型 *O*-糖基化，但 *O*-GalNAc 糖蛋白并非等同于黏蛋白。另一方面，黏蛋白是 *O*-GalNAc 糖蛋白的最主要形式，也是生物学功能研究最清楚的 *O*-GalNAc，所以讲解 *O*-GalNAc 糖蛋白的结构与功能要以黏蛋白为主，这样有可能使学生混淆 *O*-GalNAc 糖基化与黏蛋白的糖基化的区别 　　**解决方法**：在引入黏蛋白概念之后，以分泌型黏蛋白为典型，讲解 *O*-GalNAc 糖蛋白；然后逐步引入跨膜的黏蛋白及具有黏蛋白区的膜蛋白，最后以人血清蛋白（免疫球蛋白）为例讲解只有少量 *O*-GalNAc 修饰的 *O*-糖蛋白，使学生明白 *O*-GalNAc 糖蛋白的分类
教学进程与方法手段	**教学进程 1**：以分泌型黏蛋白为例，逐步讲解 *O*-GalNAc 糖基化的结构、合成与功能 **课程导入**：以肠道微生物为起始，引入其主要生存场所——消化道黏液层，然后引入黏液层的主要成分，即黏蛋白，开始 *O*-GalNAc 糖基化的讲解 **课程讲授**： 　　首先，对 *O*-糖基化的连接键型和类型做简介，说明在本章节特指 *O*-GalNAc 糖基化 　　其次，从肠道微生物的存在、功能，引入其生存的主要位置——黏液层，然后讲解黏液层的主要成分，即黏蛋白。以黏蛋白为例，讲解 *O*-GalNAc 糖蛋白的结构特点和分类

教学进程与方法手段	再次，逐步讲解 *O*-GalNAc 糖链的结构，由最内侧 GalNAc 到 8 种核心结构，再到糖链的延伸；然后对应 *O*-GalNAc 糖链的结构，讲解其合成机制，并强调 ppGalNAc 转移酶；然后以黏液层、埃博拉病毒外壳蛋白及 Tn 抗原为例，讲解 *O*-GalNAc 糖基化的功能 　　最后，以列表形式，在结构、合成和功能 3 个方面比较 *O*-GalNAc 糖基化与 *N*-糖基化的异同，帮助学生对这两种修饰的知识点进行梳理，加深其理解 **教学进程 2：**由 *O*-GlcNAc 修饰的发现、分布，到其与磷酸化修饰的关系，再到其功能，逐步讲解 *O*-GlcNAc 修饰 **课程导入：**通过问题"胞质和细胞核内有无糖基化修饰"，引入 *O*-GlcNAc 修饰的发现 **课程讲授：** 　　首先，介绍 *O*-GlcNAc 修饰的发现、结构及修饰蛋白的种类 　　其次，讲解 *O*-GlcNAc 修饰与常见糖基化修饰的独特之处，并引导学生思考其与磷酸化修饰的相似性，然后讲解其与磷酸化修饰的关系，并以 RNA 聚合酶 II 的调控为例显示两种修饰之间的竞争关系 　　再次，以 *O*-GlcNAc 修饰对磷酸化修饰的影响为基础，简单讲解 *O*-GlcNAc 修饰的生物学功能 　　最后，简单介绍糖生物学的现状作为结语，鼓励学生主动进行更深入和广泛的了解
教学评价与教学检测	**题目 1：**何谓 Tn 抗原？**ppGalNAc 转移酶一般位于高尔基体的反式面（cis-），而某些肿瘤细胞中出现 ppGalNAc 转移酶遍布高尔基体的现象。根据 *O*-GalNAc 糖链的合成机制，该现象会如何导致肿瘤细胞表面出现 Tn 抗原** 　　**解题思路：**Tn 抗原是指 α-GalNAc 与 Ser/Thr 的侧链羟基共价连接，是 *O*-GalNAc 糖链的最简单结构。该糖链在正常细胞中极少发现，却出现在多种肿瘤组织中。ppGalNAcT 是 *O*-GalNAc 糖链的起始酶，负责合成 Tn 抗原，作为后续修饰的底物。若该酶分布位置在高尔基体顺式面，将使部分蛋白质的 Ser/Thr 形成 Tn 抗原后来不及进行后续糖链的添加而直接分泌，导致细胞表面出现 Tn 抗原，这是细胞病变的一种表现 　　该题目综合了 *O*-GalNAc 糖链的结构与合成机制，以及细胞生物学知识，比较有难度。其设置的目的在于检测学生对 *O*-GalNAc 糖链的结构与合成机制的理解，加深学生对 *O*-GalNAc 糖基化功能的认识

教学评价与 教学检测	**题目 2**：有学者曾借用道家的"阴阳"观念来描述 *O*-GlcNAc 修饰与磷酸化的关系及其对细胞的影响，根据本节学习内容，如何理解这一描述 　　解题思路：磷酸化一般对各种细胞核内与胞内的蛋白质有激活作用，使细胞进入活跃状态，包括基因转录、细胞骨架合成等；而 *O*-GlcNAc 修饰通过竞争性地抑制磷酸化修饰，使细胞处于相对缓慢、稳定的状态。磷酸化与 *O*-GlcNAc 复杂的竞争关系，使其并非单纯的"开"或"关"某种细胞活动，而是二者的修饰水平整体反映了细胞的活跃程度 　　该题目设置的目的主要在于引导学生思考，加深其对 *O*-GlcNAc 修饰与磷酸化的关系的理解，激发其兴趣，对 *O*-GlcNAc 修饰的功能进行更深入的探索
学术拓展	代表性生物化学研究工作：Varki A，Lowe JB. 2009. Biological Roles of Glycans. *In*：Varki A，Cummings R，Esko J，et al. Essentials of Glycobiology Volume. 2nd ed. New York：Cold Spring Harbor Laboratory Press 　　其为《糖生物学基础》的第二版，详细介绍了糖生物学各分支的进展，尚无中文翻译
主要参考文献	1. Varki A，Cummings R，Esko J，et al. 2003. 糖生物学基础. 张树政，王克夷，崔肇春，等译. 北京：科学出版社：61-260 2. Brockhausen I，Schachter H，Stanley P. 2009. *O*-GalNAc Glycans. *In*：Varki A，Cummings RD，Esko JD，et al. Essentials of Glycobiology. 2nd ed. New York：Cold Spring Harbor Laboratory Press 3. Hart GW，Akimoto Y. 2009. The *O*-GlcNAc Modification. *In*：Varki A，Cummings RD，Esko JD，et al. Essentials of Glycobiology. 2nd ed. New York：Cold Spring Harbor Laboratory Press 4. Bennett EP，Mandel U，Clausen H，et al. 2012. Control of mucin-type *O*-glycosylation：a classification of the polypeptide GalNAc-transferase gene family. Glycobiology，22：736-756 5. Tian E，Ten Hagen KG. 2009. Recent insights into the biological roles of mucin-type *O*-glycosylation. Glycoconj J，26：325-334 6. Kaletsky RL，Simmons G，Bates P. 2007. Proteolysis of the Ebola virus glycoproteins enhances virus binding and infectivity. J Virol，81：13378-13384

主要参考文献	7. Torres CR，Hart GW. 1984. Topography and polypeptide distribution of terminal *N*-acetylglucosamine residues on the surfaces of intact lymphocytes. Evidence for *O*-linked GlcNAc. J Biol Chem，259：3308-3317 8. Hanover JA，Krause MW，Love DC. 2012. Bittersweet memories：linking metabolism to epigenetics through *O*-GlcNAcylation. Nat Rev Mol Cell Biol，13：312-321 9. Stowell SR，Ju T，Cummings RD. 2015. Protein glycosylation in cancer. Annu Rev Pathol，10：473-510

学时十五　糖酵解途径

课时来源	第四章　糖生物学
教学内容	1. 糖无氧氧化反应过程 　　1.1 糖的无氧氧化——糖酵解 　　1.2 糖酵解第一阶段 　　1.3 糖酵解第二阶段 2. 糖酵解途径的限速调节环节 　　2.1 6-磷酸果糖激酶对糖酵解途径的调节最重要 　　2.2 丙酮酸激酶是糖酵解的第二个重要调节点 　　2.3 己糖激酶受到反馈调节 3. 糖酵解的主要生理意义是机体缺氧的快速调节
教学目的	1. 掌握糖无氧氧化反应的反应过程 2. 掌握糖酵解代谢步骤之间的逻辑关系
设计思想	本章节主要介绍糖类物质在体内的转化过程，涉及一系列的生化反应，其中糖酵解途径是糖代谢的重要内容，在几乎所有重要生理代谢过程中都有举足轻重的作用，也是学习生化代谢途径及其相关知识的重要基础 　　学生具有一定的知识储备，而且根据学生前期课程所奠定的基础，学生对基本的化学反应和酶等知识体系已有所掌握，另外通过前期静态生物化学的学习，学生已经了解糖的定义、糖的分类、糖的生物学作用、糖的性质等相关知识，而糖酵解是在学习静态生物化学的基础上研究糖类的代谢变化，因此学生已具备一定的知识和分析能力 　　本节课的教学主要围绕以下两点：一是掌握糖酵解代谢过程，明白其中的关键步骤和产能步骤。二是掌握糖酵解代谢步骤之间的逻辑关系。本节课的核心内容是通过观察、探究等活动明确糖酵解代谢过程

设计思想	讲解本知识点时，采用**归纳和概括法**介绍糖酵解代谢过程。培养学生对前沿知识的展示能力，注重学生对知识体系的理解，构建知识的网络结构，以及对知识的拓展和提升。采用**归纳和概括法**逐层引出各知识点，展示糖酵解代谢步骤之间的逻辑关系。让学生用探索法、发现法去建构知识，了解书本上的糖酵解过程的能量代谢和生理意义
教学重点	基本知识点 1：掌握糖酵解代谢过程 基本知识点 2：掌握糖酵解代谢步骤之间的逻辑关系
教学难点	**1. 案例分析中涉及的代表性的研究工作：掌握糖酵解代谢过程** 　　**难点说明**：糖酵解途径的特点就是步骤很多，教会学生自学是教学的主要目的之一。对于本节而言，糖代谢各步骤的反应化学方程式是教学的重点，但是由于反应式复杂繁多，很多学生有机化学的基础知识掌握得不牢固，学习起来较困难 　　**解决方法**：**启发式教学和归纳概括法结合**。在学法指导上，结合生化反应的特点，首先强调催化反应的生物催化剂——酶，再教会学生运用已有的化学知识理解反应机理，明白底物的来源、产物如何产生，从而激发学生的学习兴趣，引导其自主学习 **2. 案例分析中涉及的代表性的研究工作：底物水平磷酸化及能量代谢转换过程** 　　**难点说明**：底物水平磷酸化是糖酵解过程中能量的转化方式，对本节课而言，在了解和掌握糖酵解 10 步反应基础上，掌握糖酵解中能量转换较为困难，需要学生加强记忆 　　**解决方法**：采用**归纳和概括法**。学生还可在教师的指导下通过归纳总结等形式，充分理解很多生活中的实例，如糖尿病的出现、糖代谢出现异常的原因等，这些都与糖酵解的内容相关联。综上，本节课的内容是创设情境、激发兴趣、组织活动、探索新知、综合实践、学以致用
教学进程与 方法手段	**教学进程 1**：通过**启发式教学和归纳概括法**介绍基础知识点，即掌握糖酵解代谢过程 **课程导入**：当下倡导的是有氧运动过程，而与之相反的是无氧运动。指出无氧运动的代谢是糖的无氧代谢

教学进程与 方法手段	**课程讲授：** 　　首先，利用有氧呼吸和无氧呼吸的图片进行举例对比来引入糖的无氧氧化过程的概念，也就是糖酵解的过程。介绍糖酵解的反应部位是在细胞质，分为两个过程来进行 　　其次，呈现反应过程图并配以生动形象的语言介绍来讲解糖酵解的第一阶段，即一分子葡萄糖分解为两分子丙酮酸。这一阶段分为吸能反应阶段和放能反应阶段，采用图示和板书相结合的方式对此过程详细梳理。重点分析吸能反应阶段和放能反应阶段分别是如何消耗和生产 ATP 的，以及消耗的量和产生的量各自是多少，为后面的学习打下基础 　　最后，通过流程图的展示来介绍糖酵解第二阶段，即丙酮酸转变成乳酸。丙酮酸在无氧或相对缺氧时，在肌肉中和酵母菌中分别进行乳酸发酵和乙醇发酵，而在有氧的环境下则转变为二氧化碳和水分子。辅酶 I 在第六步反应中起关键作用 **教学进程 2：**通过多种教学方法介绍基础知识点，即底物水平磷酸化及能量代谢转换过程 **课程导入：**通过人体血红细胞主要的功能方式是糖的无氧氧化，揭示糖酵解的过程是为生物体提供能量的过程 **课程讲授：** 　　首先，通过情境的设置对糖酵解代谢反应过程、意义及丙酮酸的去向进行学习，使学生掌握发酵基础知识，为在生化生产领域和生理代谢方面的应用奠定基础 　　其次，明确生物体内能量生成方式——底物水平磷酸化的概念，即在某些酶促反应中，底物分子内部能量重新分布，生成高能键(主要是高能磷酸键和高能硫酯键)，使 ADP 磷酸化生成 ATP 的过程。底物水平磷酸化是基础生物化学学习中常见的能量生成方式 　　最后，进行课堂小结，对知识进行简单的梳理，并通过一系列问题的思考和讨论加深学生对本节知识点的印象
教学评价与 教学检测	**题目 1：糖酵解过程中的 3 个不可逆反应及催化该反应进行的酶** 　　**解题思路：**在糖的分解代谢过程中有 3 个不可逆反应，①3-磷酸-甘油醛脱氢并磷酸化生成甘油酸-1,3-二磷酸，在分子中形成一个高能磷酸基团，在酶的催化下，甘油酸-1,3-二磷酸可将高能磷酸基团转给 ADP，生成甘油酸-3-磷酸与 ATP；②甘油酸-2-磷酸脱水生成磷酸烯醇丙酮酸时，也能在分子内部形成一个高能磷酸基团，然后再转移到 ADP 生成 ATP；③磷酸烯醇丙酮酸转变成丙酮酸并产生 ATP

教学评价与 教学检测	该题目的设置在于检测学生对本节知识点的把握，培养学生综合分析问题的能力及逻辑思维能力，激发学生对生物学知识的兴趣 **题目 2：糖酵解代谢中间产物均含有磷酸基团，哪几步属于底物水平磷酸化** 　　解题思路：底物水平磷酸化是指物质在脱氢或脱水过程中，产生高能代谢物并直接将高能代谢物中的能量转移到 ADP（GDP）生成 ATP（GTP）的过程。是指在分解代谢过程中，底物因脱氢、脱水等作用而使能量在分子内部重新分布，形成高能磷酸化合物，然后将高能磷酸基团转移到 ADP 形成 ATP 的过程 　　糖酵解可分为两个阶段：第一阶段 1 分子葡萄糖分解为 2 分子丙酮酸，需经 10 步反应，前 5 步反应为准备阶段，1 分子葡萄糖（Glc）转变为 2 分子三碳化合物，即磷酸二羟丙酮和 3-磷酸甘油醛，消耗 2 分子 ATP。第二阶段是能量获得阶段，3-磷酸甘油醛转变为丙酮酸，生成 $4 \times$ ATP 和 $2 \times$（NADH + H$^+$） 　　该题目的设置主要在于帮助学生对知识点进行详细的梳理，构建起清晰的知识框架，有利于学生对知识进行分类和归纳
学术拓展	**1. 代表性生物化学研究工作 1**：Aoki kinoshita KF, Ueda N, Mamitsuka H, et al. 2006. Capturing tree-structure motifs in carbohydrate sugar chains. Bioinformatics，22（14）：25-34 　　其介绍了一种新的糖链结构检索方法 **2. 代表性生物化学研究工作 2**：Boyer PD. 1972. The Enzymes. 3rd ed. New York：Academic Press 　　其详细介绍了糖的生物学作用 **3. 代表性生物化学研究工作 3**：Wilson JE. 2003. Isozymes of mammalian hexokinase：Structure，subcellular localization and metabolic function. Journal of Experimental Biology，206：2049-2057 　　其介绍了选择蛋白和糖配体之间的相互作用 **4. 推荐阅读文献**：Jiang G，Zhang BB. 2003. Glucagon and regulation of glucose metabolism. American Journal of Physiology Endocrinology and Metabolism，284：E671-E678
主要参考文献	1. 王镜岩. 2002. 生物化学：上册. 3 版. 北京：高等教育出版社：63-90

主要参考文献	2. 马文丽. 2014. 生物化学. 2 版. 北京：科学出版社：93-114 3. 张丽萍，杨建雄. 2015. 生物化学简明教程. 5 版. 北京：高等教育出版社：186-213 4. Nelson DL，Cox MM. 2000. Lehninger Principles of Biochemistry. 3rd ed. New York：Worth Publishers：543-585 5. Nelson DL，Cox MM. 2000. Lehninger 生物化学原理（中文版）. 3 版. 周海梦，昌增益，江凡，等译. 北京：高等教育出版社：93-114

学时十六 三羧酸循环

课时来源	第四章 糖 生 物 学
教学内容	1. 糖有氧氧化的反应过程 2. 三羧酸循环 　2.1 丙酮酸的氧化脱羧 　2.2 三羧酸循环过程 　2.3 三羧酸循环的意义 3. 糖有氧氧化是机体获得 ATP 的主要方式 4. 糖有氧氧化的调节是基于能量的需求 5. 巴斯德效应是指糖有氧氧化抑制糖酵解的现象
教学目的	1. 了解三羧酸循环的研究背景 2. 掌握三羧酸循环的过程 3. 掌握糖有氧氧化过程能量代谢
设计思想	本节课的教学内容是高级生物化学课程第四章第二节糖的有氧氧化中的部分内容。此节为糖代谢途径中有氧氧化阶段讲述，但其实际为营养物质彻底氧化分解的共同通路，也是物质转化的重要枢纽，因此学好这部分内容对于整个课程第二篇物质的代谢都极其重要 　　在教学指导思想上，遵循以学生为主体的原则，在课程组织上充分考虑学生的学习兴趣、思维习惯和认知水平。通过三羧酸循环研究的实验还原科学家从事科学研究的现场，情境教学调动学生学习兴趣。联系基本化学反应原理引导学生探究、思考、推理，逐步完成教学内容 　　本节课的教学主要围绕以下两点：**一是掌握三羧酸循环的过程**。通过学习三羧酸循环的过程，掌握三羧酸循环过程中的中间代谢物，也是与其他物质代谢联系的关联物；通过三羧酸循环生理意义的学习，理解此循环是营养物质彻底氧化分解的共同通路，在物质代谢中有重要地位；通过学习三羧酸循环的研究背景，了解科学家科研设计的思想。**二是掌握三羧酸循环的能量代谢**。简洁提炼出生理意义，此处不必过细，后面讲其他物质代谢途径时，自然能显现出三羧酸循环的意义所在。通过引用前沿的生物学实验结论，探究活动，使学生学会运用科学探究的方法，体验探究过程，培养学生的科学态度、探索精神、创新意识和思维能力

教学重点	基本知识点 1：三羧酸循环的过程 基本知识点 2：三羧酸循环中的能量代谢
教学难点	**1. 案例分析中涉及的代表性的研究工作：三羧酸循环的过程** 　　难点说明：联系基本化学反应原理引导学生探究、思考、推理，逐步完成循环过程，及时总结归纳全过程及特点，借中间产物不增不减的特点设问"这是否是一个封闭的循环"，这是本学时授课的重点 　　解决方法：采用归纳概括法。给大家编打油诗一首《七言绝句之 TCA 循环》，便于记忆 草酰乙酰生柠檬， 顺乌异柠 α 酮， 琥酰琥珀延胡索， 苹果落回草丛中 **2. 案例分析中涉及的代表性的研究工作：三羧酸循环中的能量代谢** 　　难点说明：三羧酸循环中能量代谢转换主要以氧化磷酸化和底物水平磷酸化为主，较为抽象，难以理解，因此是本节课授课的重难点 　　解决方法：归纳概括法和启发教学法相结合。通过三羧酸循环生理意义的学习，理解此循环是营养物质彻底氧化分解的共同通路，也是物质转化的重要枢纽，在物质代谢中有重要地位；通过学习三羧酸循环的研究背景，了解科学家科研设计的思想。根据本节课的知识特点，先建立知识框架，在教师情境创设的引导下，引导学生思考和分析问题
教学进程与 方法手段	**教学进程 1**：通过归纳概括法介绍基础知识点，即三羧酸循环的过程 **课程导入**：以人体呼吸为例导入课程，指出呼吸的过程是碳原子转移和能量释放的过程 **课程讲授：** 　　首先，通过三羧酸循环研究的实验还原科学家从事科学研究的现场，情境教学调动学生学习兴趣 　　其次，采用归类式教学，介绍三羧酸循环的具体过程和反应产物。对课程内容随时进行归纳总结，使其转化为便于学生理解和记忆的知识点 　　在教学过程中，以"一次底物水平磷酸化、二次脱羧、三个不可逆反应、四次脱氢"过程为主线，加深学生认知

教学进程与 方法手段	**教学进程 2**：通过归纳概括法介绍基础知识点，即三羧酸循环中的能量代谢和生物学意义 **课程导入**：以问题的形式提出"人在地球上生活的本质"，来引入"呼吸"，继而引出三羧酸循环 **课程讲授**： 　　首先，以动画和图示相结合的形式来展现有氧氧化的途径，分别为糖酵解途径、丙酮酸的氧化脱羧、三羧酸循环、氧化磷酸化。提出本节课重点介绍丙酮酸的氧化脱羧和三羧酸循环这部分内容，让学生对本节课所要学习的知识点有个大体的了解 　　其次，通过流程图的展示来介绍丙酮酸的氧化脱羧过程。丙酮酸氧化脱羧成为乙酰 CoA，重点指出此过程是三羧酸循环中乙酰 CoA 的来源，为接下来三羧酸循环的学习打下基础 　　再次，以图片和流程图相结合的形式来重点讲解三羧酸循环的过程，主要分为三羧酸循环的起始、三羧酸循环中碳原子的转移、三羧酸循环中的能量转换。分别对每一过程进行总结，让学生明确这三个阶段的反应任务是什么，最后出示三羧酸循环总的过程图，以"一次底物水平磷酸化、二次脱羧、三个不可逆反应、四次脱氢"为主线对这一过程进行详细的总结和梳理 　　最后，介绍三羧酸循环的意义，指出三羧酸循环与糖类和脂肪代谢的关系，并且是蛋白质代谢的重要枢纽。让学生更为深刻地了解这一部分的内容，并能举一反三、灵活运用知识解决实际问题 　　进行课堂小结，对知识进行简单的梳理，并通过一系列问题的思考和讨论加深学生对本节知识点的印象
教学评价与 教学检测	**题目 1**：简述三羧酸循环的过程 　　**解题思路**：三羧酸循环（TCA）也称为柠檬酸循环（CAC），是丙酮酸有氧氧化过程的一系列步骤的总称。三羧酸循环在线粒体基质中进行，因为在这个循环中几个主要的中间代谢物是含有 3 分子羧基的有机酸，所以叫作三羧酸循环。由丙酮酸开始，先经氧化脱酸作用，并乙酰化形成乙酰 CoA 和 1 分子 的（$NADH + H^+$）。乙酰 CoA 进入三碳酸循环然后被彻底氧化为 CO_2 和 H_2O。乙酰 CoA 中的乙酰基氧化成酶促反应的循环系统，该循环的第一步是由乙酰 CoA 经草酰乙酸缩合形成柠檬酸。反应过程的酶，除了琥珀酸脱氢酶是位于线粒体内膜外，其余均位于线粒体基质。三羧酸循环是机体获取能量的主要方式，同时它也为体内某些物质的合成提供了原料

教学评价与教学检测	该题目的设置主要在于检测学生对本过程的理解和记忆，培养学生的逻辑思维能力，对知识进行进一步的梳理总结 题目 2：简述三羧酸循环的生理学意义 　　解题思路：①三羧酸循环是机体获取能量的主要方式，同时它也为体内某些物质的合成提供了原料。②三羧酸循环是糖、脂肪和蛋白质这 3 种物质在体内被彻底氧化的共同代谢途径。③三羧酸循环是糖、脂质、蛋白质及其他某些氨基酸代谢联系和互变的枢纽，是体内 3 种主要有机物互变的联络机构 　　该题目的设置主要在于培养学生理论联系实际的能力，让学生明确知识的实用性，并能使学生举一反三、灵活运用知识解决现实生活的问题
学术拓展	**1. 代表性生物化学研究工作 1**：Fraser ME，James MN，Bridger WA，et al. 1999. A detailed structural description of *Escherichia coli* succinyl-CoA synthetase. Mol Biol，285：1633-1653 　　其综述了生物体内的乙酰 CoA 的调节模式 **2. 代表性生物化学研究工作 2**：Kaplan NO. 1985. The role of pyridine nucleotides in regulating cellular metabolism. Curr Top Cell Regul，26：371-381 　　其综述了生物体内三羧酸循环的 $\dfrac{NADH+H^+}{NAD^+}$ 调节 **3. 代表性生物化学研究工作 3**：Holmes FL. 1991. Hans krebs，Vol 1：Formation of a Scientific Life，1900-1933. Oxford：Oxford University Press Holmes FL. 1991. Hans Krebs，Vol 2：Architect of Intermediary Metabolism，1933-1937. Oxford：Oxford University Press 　　其详细描述了三羧酸循环的调控环节
主要参考文献	1. 王镜岩. 2002. 生物化学：下册. 3 版. 北京：高等教育出版社：92-112 2. 马文丽. 2014. 生物化学. 2 版. 北京：科学出版社：93-114 3. 张丽萍，杨建雄. 2015. 生物化学简明教程. 5 版. 北京：高等教育出版社：186-213 4. Nelson DL，Cox MM. 2000. Lehninger Principles of Biochemistry. 3rd ed. Now York：Worth Publishers：633-665 5. Nelson DL，Cox MM. 2000. Lehninger 生物化学原理(中文版). 3 版. 周海梦，昌增益，江凡，等译. 北京：高等教育出版社：485-507

学时十七　胰岛素及其受体

课时来源	第四章　糖生物学
教学内容	1. 血糖的来源和去路 2. 血糖水平的平衡及其调节 　2.1 胰岛素是体内唯一降低血糖的激素 　2.2 机体在不同状态下有相应的升高血糖的激素 3. 胰岛素及其受体的发现
教学目的	1. 掌握血糖的来源和去路是相对平衡的 2. 掌握血糖水平的平衡主要是受激素调节 3. 了解糖尿病的致病机理
设计思想	新的课程改革的目标要求教学中要贯彻以人的全面发展为本的教学观。本节课内容与人体健康联系紧密，涉及多种血糖失衡症。对这些疾病，学生都有一定的感性认识，因此本节课的课堂设计要突出学生的主体地位，充分利用学生已有的知识储备和生活经验，精心为学生设计一系列的问题，由学生主动地去探究有关血糖平衡调节的内容。在教学过程中，注重教师引路、开窍、促进的作用，做好学生的引路人，通过师生共同努力，实现学生知识、能力、情感目标的和谐发展 　　知识目标：了解血糖平衡、血糖平衡的调节过程及其意义，了解糖尿病的成因及其治疗。能力目标：通过创设探究情境，培养学生分析、判断的思维能力，培养学生运用所学知识解释和说明生活中实际问题的能力。情意目标：①激发学生对生物科学的兴趣和热爱；②培养学生理论联系实际、学以致用的学习意识；③增强学生自我保健意识，使学生更加珍爱生命，养成良好的生活习惯。从学生熟悉的例子入手，能激发学生学习的兴趣，教师相继诱导，使学生很轻松地掌握新知识。学生带着问题阅读教材，目的性强，能充分调动其主动性和积极性。通过解决具体的问题，能使学生学以致用，举一反三。最后通过迁移应用、反馈矫正、检验效果等落实课程实施

教学重点	基本知识点 1：掌握血糖的来源和去路 基本知识点 2：掌握血糖水平的平衡主要是受激素调节
教学难点	**1. 案例分析中涉及的代表性的研究工作：血糖的来源与去路** 　　难点说明：血糖的来源与去路是本节课的授课重点，内容概括性强，较为抽象，难以理解，也是本节课的教学难点 　　解决方法：采用归纳和概括法。这节课本着"以学生为主体，教师为引导"的原则，精心设置问题，带动学生学习，使学生五官并用，全身心地投入整节课的学习过程 **2. 案例分析中涉及的代表性的研究工作**：引入两名 1923 年诺贝尔生理学或医学奖的获得者——班廷和麦克劳德。他们的成就就是发现了胰岛素。胰岛素是目前已知的国际公认的唯一一种降糖激素 　　难点说明：糖尿病在生活中发病率较高，对人体的危害比较严重，但是具体的病因，学生并不大清楚，特别是"高血糖不一定会出现糖尿，出现了糖尿也不一定是糖尿病"，对于这些内容，学生在理解上还有一定的难度 　　解决方法：采用案例分析和综合归纳法。教师可用课件引导学生分析胰岛素和胰高血糖素的生理作用，使学生了解胰岛素调节血糖平衡的机制。可通过观察与教学内容相关的课件，辅助教学，形象直观地展示生命活动调节的过程，然后引导学生进行归纳总结
教学进程与 方法手段	**教学进程 1**：通过归纳和概括的方法介绍基础知识点，即分析血糖的来源与去路 课程导入：糖尿病的案例导入 课程讲授： 　　首先，以图示和动画结合形式归纳概念，举例分析，介绍血糖的 3 条来源与 5 条去路。在讲授知识的过程中培养学生理解、分析、驾驭知识的能力 　　其次，用课件引导学生分析胰岛素和胰高血糖素的生理作用，使学生了解血糖平衡的体液调节 **教学进程 2**：通过归纳和概括的方法介绍基础知识点，即生物体内血糖平衡的调节 课程导入：通过对糖尿病病症的分析来引入本节新课

教学进程与方法手段	**课程讲授：** 首先，通过生动形象的例子来引入血糖的概念，并总结出血糖水平恒定的生理意义，以脑组织、红细胞、骨髓及神经组织为例来重点分析血糖水平恒定对这些依赖葡萄糖供能的组织器官的重要意义，进一步论证了血糖水平恒定的重要性，为接下来血糖水平的调节打下基础 其次，通过图片的展示并结合具体生活的实例来介绍血糖的来源和去路，总结为三来源、五去路。详细讲解食物中的糖、肝糖原及非糖物质是如何分解转化，进入血液中成为血糖，又如何被分解利用的，进而提出血糖的来源和去路是相对平衡的，如果超出正常范围便会出现尿糖的现象。从实际生活出发，便于激起学生的学习兴趣 再次，通过创设情境来提出怎样才能保持血糖水平的平衡？第一，通过神经内分泌对血糖浓度进行调节。在此介绍重要的调节激素，并展示调节血糖的流程图。第二，通过肝脏对血糖浓度进行调节。通过餐后及空腹血糖浓度的对比来了解分析肝脏是如何通过肝糖原的转化及分解来调节血糖浓度的。第三，介绍胰岛素的作用机理，确保学生能具体把握激素调节血糖水平的过程 最后，以两幅图片的展示来说明血糖水平异常及糖尿病是最常见的糖代谢紊乱。并将所学的具体知识与实际生活中的问题相联系，能够激起学生进一步探索知识的热情，并能够使学生了解养成良好的生活饮食习惯的重要性，进行情感价值观教育 进行课堂小结，对知识进行简单的梳理，并通过一系列问题的思考和讨论加深学生对本节知识点的印象 **教学进程 3：胰岛素调控血糖平衡** 首先，教师讲授胰岛素的分子结构：胰岛素最初是以一条单链分子的前体形式在细胞高尔基体中合成的，即胰岛素原。胰岛素原被贮存在胰腺颗粒内，并在肽酶的催化下，切去 C 肽而形成活性胰岛素。教师结合图片进行讲授 其次，对胰岛素分子结构的进一步研究发现，在胰岛素分子内部，第 16 位的氨基酸残基为异亮氨酸，以其为中心作为疏水内核，它对稳定胰岛素分子的构象起重要作用

教学进程与方法手段	再次，接着讲授胰岛素的提取及临床试验。其分为三大阶段：第一阶段为班廷和贝斯特用狗作为实验材料，将两只狗分别进行胰脏切除和胰脏导管结扎手术（其灵感来源于一则糖尿病患者病例，胰脏导管被结石堵塞后，分泌胰蛋白酶的胰腺开始萎缩，但胰岛细胞存活良好，可正常分泌胰岛素），待结扎手术狗胰腺萎缩后提取出胰岛素注入糖尿病狗，观察糖尿病狗体内血糖含量水平是否有所下降，结果并不理想。第二阶段为实验改良后，从屠宰场得到牛胰脏直接提取出胰岛素注入糖尿病狗，此次其血糖含量明显下降。第三阶段为临床试验，一次注射后因胰岛素不纯引起不良反应，改良后再次注射血糖含量得到控制，临床试验成功 　　最后，讲解胰岛素的主要作用机制。胰岛素主要作用在肝脏、肌肉及脂肪组织，控制着蛋白质、糖、脂肪三大营养物质的代谢和贮存。对糖代谢的影响：①促进葡萄糖通过葡萄糖载体进入肌肉、脂肪细胞；②降低 cAMP 水平，促进糖原合成、抑制糖原分解；③激活丙酮酸脱氢酶加速糖的有氧氧化；④抑制肝内糖异生；⑤减少脂肪动员
教学评价与教学检测	**题目 1：正常人体内血糖的来源与去路是什么** 　　解题思路：**正常人血糖的来源主要有 3 条途径：**①饭后食物中的糖消化成葡萄糖，吸收进入血循环，为血糖的主要来源；②空腹时血糖来自肝脏，肝脏储有肝糖原，空腹时肝糖原分解成葡萄糖进入血液；③蛋白质、脂肪及从肌肉生成的乳酸可通过糖异生过程变成葡萄糖。**正常人血糖的去路主要有 5 条：**①血糖的主要去路是在全身各组织细胞中氧化分解成二氧化碳和水，同时释放出大量能量，供人体利用消耗；②进入肝脏变成肝糖原贮存起来；③进入肌肉细胞变成肌糖原贮存起来；④转变为脂肪贮存起来；⑤转化为细胞的组成部分 　　该题目的设置在于检测学生对本节知识点的把握和应用，采用现实生活的实例，激发学生对生物学知识的兴趣，加深理解 **题目 2：生物体内胰岛素降低血糖浓度的作用机理是什么** 　　解题思路：当胰岛素和其受体结合后，使酶磷酸化，一方面促进蛋白质、脂肪、糖原合成，另一方面使细胞膜上的葡萄糖转运蛋白增加，促进葡萄糖进入细胞，促进葡萄糖的利用，除此之外能抑制肝糖原的分解和非糖类物质转化

教学评价与 教学检测	胰岛素是机体内唯一降低血糖的激素，也是唯一同时促进糖原、脂肪、蛋白质合成的激素。作用机理属于受体酪氨酸激酶机制。①调节糖代谢，胰岛素能促进全身组织对葡萄糖的摄取和利用，并抑制糖原的分解和糖原异生，因此胰岛素有降低血糖的作用。②调节脂肪代谢，胰岛素能促进脂肪的合成与贮存，使血液中游离脂肪酸减少，同时抑制脂肪的分解氧化。③调节蛋白质代谢，胰岛素一方面促进细胞对氨基酸的摄取和蛋白质的合成，另一方面抑制蛋白质的分解，因而有利于生长。因此，对于生长来说，胰岛素也是不可缺少的激素之一 　　该题目的设置主要培养学生理论联系实际的能力，进一步梳理知识框架，并能使学生举一反三，灵活运用知识解决现实生活的问题
学术拓展	**1. 代表性生物化学研究工作 1**: Toso C, Emamaullee JA, Merani S, et al. 2008. The role of macrophage migration inhibitory factor on glucose metabolism and diabetes. Diabetolog, 51（11）: 1937-1946 　　其介绍了巨噬细胞迁移抑制因子对糖代谢过程的影响及其在糖尿病治疗中的地位 **2. 代表性生物化学研究工作 2**: Varki A, Cummings R, Esko J, et al. 2003. 糖生物学基础. 张树政，王克夷，崔肇春，等译. 北京：科学出版社：61-260 　　其详细介绍了糖物质的代谢和功能 **3. 代表性生物化学研究工作 3**: Yang LH, Güell M, Nia D, et al. 2015. Genome-wide nactivation of porcine endogenous retroviruses（PERVs）. Science, 350（6264）: 1101 　　其详细介绍了糖尿病的研究进展
主要参考文献	1. 王镜岩. 2002. 生物化学：上册. 3 版. 北京：高等教育出版社：176-195 2. 马文丽. 2014. 生物化学. 2 版. 北京：科学出版社：93-114 3. 张丽萍，杨建雄. 2015. 生物化学简明教程. 5 版. 北京：高等教育出版社 4. Nelson DL, Cox MM. 2000. Lehninger Principles of Biochemistry. 3rd ed. New York：Worth Publishers：543-585 5. Nelson DL, Cox MM. 2000. Lehninger 生物化学原理(中文版). 3 版. 周海梦，昌增益，江凡，等译. 北京：高等教育出版社：450-479

学时十八　甘油三酯代谢

课时来源	第五章　代 谢 调 节
教学内容	1. 脂肪动员——甘油三酯分解的起始步骤 2. 甘油的去路 3. 脂肪酸的 β 氧化分解
教学目的	1. 掌握脂肪动员是甘油三酯分解的起始步骤 2. 掌握脂肪酸 β 氧化分解过程
设计思想	本章节主要介绍脂类物质在体内的转化过程，涉及一系列的生化反应，其中脂肪酸经 β 氧化分解过程是脂类代谢的重要内容，在生物体内重要的生理代谢过程中都有举足轻重的作用，也是学习生化代谢途径及其相关知识的重要基础。通过分析学生的思维特点及学习能力，科学合理地进行学生情况分析。因此，了解学生的学习规律和学生情况是非常重要的 　　学生具有一定的知识储备，而且根据学生前期课程所奠定的基础，学生对基本的化学反应和能量过程已有所掌握。另外，前期通过动态生物化学的学习，学生已经了解糖代谢的定义、糖的生物学作用、糖的性质等相关知识，而脂类代谢是在学习研究糖类的代谢变化，因此学生已具备一定的知识和分析能力 　　本节课的教学主要围绕以下两点：一是掌握脂肪代谢的反应过程，明白其中的关键步骤和产能步骤；二是掌握脂肪代谢步骤之间的逻辑关系。讲解本知识点时，采用**案例导入法**。在介绍掌握脂肪代谢过程时，培养学生对前沿知识的展示能力，注重学生对知识体系的理解，构建知识的网络结构，以及对知识的拓展和提升。采用**案例导入和启发式教学法**，逐层引出各知识点，掌握脂肪代谢步骤之间的逻辑关系。在学法设计上，让学生用**探索法**、**发现法**去建构知识，了解书本上的脂肪代谢过程的能量代谢和生理意义。最终形成教学主线，即脂肪酸氧化分解的过程在生物体内是产生氢质子并转化成水分子，同时释放氢质子的过程，通过氧化磷酸化为生物体提供能量

教学重点	基本知识点 1：脂肪酸穿梭线粒体过程 基本知识点 2：脂肪酸经 β 氧化分解的全过程
教学难点	**1. 案例分析中涉及的代表性的研究工作：脂肪动员** 　　**难点说明**：脂肪的动员是脂肪代谢的第一步，尤其是脂酰 CoA 进入线粒体穿梭的过程，内容较为抽象、难以理解，是本门课程的授课难点 　　**解决方法**：采用案例导入法。在教学方法和教学策略上采用图示和分步骤相结合，层层剖析，让学生加深对知识点的掌握和理解 **2. 案例分析中涉及的代表性的研究工作：脂肪酸 β 氧化分解的全过程** 　　**难点说明**：脂酰 CoA 在线粒体基质中进入脂肪酸 β 氧化要经过 4 步反应，即脱氢、水化、再脱氢和硫解。内容较为抽象，是课程的授课难点 　　**解决方法**：采用案例分析和启发式教学。采用分层次的启发教学法给学生讲述 β 氧化分解的全过程，采用图片、公式层层深入分析，加深学生学习印象
教学进程与 方法手段	**教学进程 1**：利用案例导入法重点介绍基础知识点，即脂肪动员 **课程导入**：在课堂中思考问题，即人体糖消耗完后，是先代谢脂肪还是先代谢蛋白质；为什么要进行脂肪动员 **课程讲授**： 　　首先，通过图片展示介绍人体糖消耗完后先代谢的是脂肪，缺少蛋白质就会造成严重的营养不良，威胁身体的健康，而多运动能减肥就说明糖原消耗完了之后消耗脂肪。蛋白质的消耗主要是细胞的死亡与更替。运动过量会浑身酸痛，就是脂肪分解产物的作用 　　其次，生动讲解脂肪动员，其是在病理或饥饿条件下，储存在脂肪细胞中的脂肪被脂肪酶逐步水解为游离脂酸（FFA）及甘油并释放入血液以供其他组织氧化利用的过程。在脂肪动员中，脂肪细胞内激素敏感性甘油三酯脂肪酶（HSL）起决定作用，它是脂肪分解的限速酶 **教学进程 2**：利用启发式教学法重点介绍基础知识点，即脂酸经 β 氧化分解的全过程 **课程导入**：骆驼为什么能在沙漠中生存？驼峰里有哪些物质有利于它的生存

教学进程与 方法手段	**课程讲授：** 　　首先，通过幻灯片展示甘油三酯分解的反应式，介绍脂肪动员是甘油三酯分解的起始步骤，得出结论，即经过脂肪动员，甘油三酯分解为甘油和脂肪酸 　　其次，通过图片展示甘油经糖代谢途径代谢的全过程，即甘油的去路。通过展示图例，详细讲解甘油经糖代谢途径包括糖酵解、糖异生和三羧酸循环 　　最后，介绍脂肪酸的 β 氧化分解，分步介绍脂肪酸经 β 氧化过程。通过脂肪酸的活化，脂酰 CoA 穿过线粒体的外膜。通过肉碱脂酰转移酶Ⅰ、Ⅱ系协助脂酰 CoA 进入线粒体内膜，并进行 β 氧化，其中讲解 β 氧化每轮循环 4 个步骤：脱氢、水化、再脱氢、硫解，并结合 β 氧化的过程讲解产能和产物 　　在课堂的最后以 16 碳软脂肪酸的氧化为例计算脂肪酸氧化的能量生成，让学生巩固这节课所讲内容
教学评价与 教学检测	**题目 1：人体糖消耗完后，是先代谢脂肪还是先代谢蛋白质** 　　**解题思路：**这个分短期饥饿和长期饥饿两个时期 　　在人体内，最主要的能量物质是糖类，糖类和蛋白质可以相互转换，而糖类转换成脂肪却是不可逆的。当人体处在饥饿状态下，可供代谢的糖类不足时，最先充当主要能量物质的是来自于肝糖原分解的葡萄糖，与此同时，来自脂肪分解的甘油也提供了一部分能量，但不是主要的 　　在这个过程中，体内蛋白质的消耗就会大于脂肪的消耗。但是生物体天生具有优先保护体内所储存蛋白质的设定，因此不会始终维持蛋白质消耗大于脂肪消耗的状态。当饥饿状态维持三天以上，大脑和循环系统细胞逐渐适应了使用来自于脂肪分解的酮体作为主要能量物质。此时，蛋白质的消耗降低，而脂肪的消耗占据主导地位。而这个过程将随着饥饿状态的持续而一直持续下去，直至脂肪耗尽 　　将所学知识联系生活实际，了解自己的身体在饥饿状态下的代谢情况，把所学用于自己的生活实践 　　**题目 2：分析并总结 β 氧化的反应过程** 　　**解题思路：**脂酰 CoA 在线粒体基质中进入 β 氧化要经过 4 步反应，即脱氢、水化、再脱氢和硫解，生成一分子乙酰 CoA 和一个少两个碳的新的脂酰 CoA

教学评价与 教学检测	第一步脱氢（dehydrogenation）反应由脂酰 CoA 脱氢酶活化，辅基为 FAD，脂酰 CoA 在 α 和 β 碳原子上各脱去一个氢原子生成具有反式双键的 α, β-烯脂肪酰 CoA。第二步水化（hydration）反应由烯酰 CoA 水合酶催化，生成 β-羟脂酰 CoA。第三步脱氢反应是在 β-羟脂肪酰 CoA 脱氢酶（辅酶为 NAD$^+$）催化下，β-羟脂肪酰 CoA 脱氢生成 β-酮脂酰 CoA。第四步硫解（thiolysis）反应由 β-酮硫解酶催化，β-酮酯酰 CoA 在 α 和 β 碳原子之间断链，加上一分子 CoA 生成乙酰 CoA 和一个少两个碳原子的脂酰 CoA。上述 4 步反应与 TCA 循环中由琥珀酸经延胡索酸、苹果酸生成草酰乙酸的过程相似，只是 β 氧化的第 4 步反应是硫解，而草酰乙酸的下一步反应是与乙酰 CoA 缩合生成柠檬酸。长链脂酰 CoA 经上面一次循环，碳链减少两个碳原子，生成一分子乙酰 CoA，多次重复上面的循环，就会逐步生成乙酰 CoA 　　**培养学生逻辑思维的能力，检查学生对脂肪酸 β 氧化过程的理解掌握情况，形成有条理的知识体系**
学术拓展	**1. 代表性生物化学研究工作 1**：Eaton S，Bursby T，Middleton B，et al. 2000. The mitochondrial trifunctional protein：centre of β-oxidation metabolon？Biochem Soc Transgene，28：177-182 　　其详细介绍了线粒体中 β 氧化分解 **2. 代表性生物化学研究工作 2**：Harwood JL. 1988. Fatty acid metabolism. Annu Rev Plant Physiol Plant Mol Biol，39：101-138 　　其详细介绍了脂肪酸代谢过程 **3. 代表性生物化学研究工作 3**：Jeukendrup AE，Saris WH，Wagenmakers AJ. 1988. Fat metabolism during exercise：a review. Part Ⅲ：effects of nutri-tional interventions. Int J Sports Med，19：371-379 　　其详细介绍了脂肪代谢综述 **4. 代表性文献综述**：Kunau WH，Dommes V，Schulz H. 1995. Oxidation of fatty acids in mitochondria，peroxisomes，and bacteria：a century of continued progress. Prog Lipid Res，34：267-342
主要参考文献	1. 王镜岩. 2002. 生物化学：上册. 3 版. 北京：高等教育出版社：230-256

主要参考文献	2. 马文丽. 2014. 生物化学. 2 版. 北京：科学出版社：134-151 3. 张丽萍，杨建雄. 2015. 生物化学简明教程. 5 版. 北京：高等教育出版社：217-234 4. Nelson DL，Cox MM. 2008. Lehninger Principles of Biochemistry. 3rd ed. New York：Worth Publishers：667-693 5. Nelson DL，Cox MM. 2000. Lehninger 生物化学原理（中文版）. 3 版. 周海梦，昌增益，江凡，等译. 北京：高等教育出版社：513-533

学时十九　酮体的生成和利用

课时来源	第五章　代　谢　调　节
教学内容	1. 酮体的生成及利用 　　1.1 酮体概述 　　1.2 酮体生成的过程 　　1.3 酮体生成的调节 2. 脂质代谢的其他方式
教学目的	1. 掌握酮体的生成及利用 2. 掌握脂肪酸其他的氧化方式
设计思想	本节课是甘油三酯代谢中的部分内容,通过之前课程的学习,学生已经对脂肪代谢有较多接触,关于脂类代谢的作用,学生具有初步的印象。如何通过对比、归纳及联系脂肪氧化方式,认识脂肪氧化代谢间的密切关系,从而由感性认知上升到理性认知,对学生来说有一定难度。另外,本节课有较多的资料、图表及课外阅读,需要学生具有较强的理解、分析、驾驭信息的能力 　　本节课的教学主要围绕以下两点:一是掌握生物体内酮体的生成和利用机理,通过科学的教学设计引起学生的学习兴趣,培养学生积极的学习态度。二是掌握脂酸其他的氧化方式。通过课堂观察、讨论,培养学生的分析能力和抽象概括能力。在实施整合式生物化学教学过程中,**教师通过案例 1**(酮体的生成和利用),层层设问,了解酮体是如何生成、如何被利用的,常见的酮症是什么,以及酮体生成和利用的生物学意义在哪里,加深学生对知识点的掌握和理解。**教师通过案例 2**(不饱和脂酸的氧化、过氧化物酶体的 β 氧化和奇数碳原子脂酸的氧化),在分析讨论的基础上归纳出要掌握的生物化学知识要点、脂肪酸的多种氧化方式 　　通过教学过程的讲解让学生明确:①生物体内酮体的生成和利用是为大脑供能的另一种方式;②酮体的生成过程是在肝细胞线粒体,而利用是在肝脏以外组织线粒体中;③酮体过量对生物体的危害

教学重点	基本知识点1：掌握脂肪酸其他的氧化方式 基本知识点2：掌握酮体的生成和利用
教学难点	**1. 案例分析中涉及的代表性的研究工作：掌握酮体的生成和利用** 　　难点说明：糖代谢紊乱与酮症的关系一直是课程理解的难点，酮体生成和利用的机制被研究得较为透彻，这也是课程学习的难点 　　**解决方法：采用案例导入和问题启发教学法**。胰凝乳蛋白酶的作用方式分为几个阶段？胰凝乳蛋白酶的催化机制是多种催化机制的协同作用，在结合底物过程中，各种结合基团协同作用，在促进底物进入过渡态中间产物过程中酶是如何作用的 **2. 案例分析中涉及的代表性的研究工作：脂肪酸其他的氧化方式** 　　难点说明：由于脂酸不同类型的氧化方式，学生不易理解，因此将该环节作为教学的难点 　　解决方法：糖尿病、消化吸收障碍、剧烈运动、饥饿、应激状态均可导致酮体产生过多，引起尿酮阳性。分析鉴定尿液中酮体的含量，可为临床诊断提供依据。其原因是酮体是生物体内脂肪酸在肝脏进行正常代谢的中间产物，它们可被肝外组织利用以提供机体能量或进一步合成其他物质
教学进程与 方法手段	**教学进程1：利用案例导入和问题启发教学法重点介绍基础知识点，即酮体的生成和利用** **课程导入：**以奶牛酮病为导入点引入新课 **课程讲授：** 　　首先，配合幻灯片形象地讲述酮体在干细胞中生成和在肝外组织（心脏、肾、脑、骨骼肌等）线粒体的利用。详细介绍酮体生成和利用的过程，并用示意图进行讲解，加深学生的理解和记忆 　　其次，举例说明酮体是肝脏输出能源的一种形式，有利于维持血糖水平恒定等生理意义。介绍酮体生成的调节，分别讲解在饱食和饥饿两种状态下的调节，并用图示的方式讲解酮体的生成和运输，并分析禁食第一周血浆中脂肪酸、葡萄糖及酮体的浓度变化 　　最后，通过提问有关奶牛酮病的问题对本节课进行总结巩固。问题一是什么是酮症，糖代谢紊乱与酮症的关系是什么？问题二是为什么可以通过测丙酮的量来推算出细胞脂肪酸β氧化作用的强弱？通过这两个问题引起学生的思考

教学进程与 方法手段	**教学进程 2**：利用**案例导入和问题启发教学法**重点介绍基础知识点，即生物体内脂肪酸其他的氧化方式 **课程导入**：除了脂肪酸的 β 氧化，生物体内脂肪酸还有其他的氧化方式吗？激发学生探究新知识的兴趣 **课程讲授**： 　　首先，通过展示图片，介绍储存在脂肪细胞中的脂肪，被脂肪酶逐步水解为游离脂肪酸（FFA）及甘油并释放入血液，被其他组织氧化利用，该过程称为脂肪动员。在禁食、饥饿或交感神经兴奋时，肾上腺素、去甲肾上腺素和胰高血糖素分泌增加，激活脂肪酶，促进脂肪动员 　　其次，通过详细讲解和展示图片，说明在脂肪动员中，脂肪细胞内激素敏感性甘油三酯脂肪酶（HSL）起决定作用，它是脂肪分解的限速酶。脂肪动员的产物是乙酰 CoA，在肝脏中乙酰 CoA 与乙酰 CoA 两两缩合生成乙酰乙酸 CoA，再转化成乙酰乙酸，乙酰乙酸可以还原成 β-羟基丁酸或者脱羧形成丙酮
教学评价与 教学检测	**题目 1：什么是酮症，糖代谢紊乱与酮症的关系是什么** 　　**解题思路**：正常情况下，血中酮体含量很少，每 100ml 血中酮体含量低于 3mg（0.3mmol/L）。但在饥饿、高脂低糖膳食及糖尿病时，脂肪动员加强，脂肪酸氧化增多，酮体生成过多，超过肝外组织利用酮体的能力，引起血中酮体升高，当高过肾回收能力时，则尿中出现酮体，即为酮症（ketosis） 　　饥饿、高脂低糖膳食及糖尿病均造成体内糖氧化利用的降低，呈现胰高血糖素与胰岛素的比值升高，则大量脂酰 CoA 转移入线粒体进行氧化，产生大量乙酰 CoA。另外，降糖激素的含量升高使脂解作用增强，则长链脂酰 CoA 增多而堆积起来。在线粒体内，此时由于脂酰 CoA 特别是长链脂酰 CoA 增多，通过别构抑制柠檬酸合成酶，致使乙酰 CoA 难以进入三羧酸循环氧化，在肝内堆积的乙酰 CoA 缩合生成酮体。过多的酮体将随血液循环运至肝外组织氧化，肝外组织氧化酮体是有一定限度的。当血中酮体过高，如超过肝外组织氧化能力时，则血中酮体将堆积，尿中出现大量酮体，呈现酮症 　　把所学知识联系生活实际，分析酮症的原因和机理，并明白糖代谢紊乱与酮症的关系

教学评价与 教学检测	**题目 2：什么是酮体？为什么可以通过测丙酮的量来推算出细胞脂肪酸 β 氧化作用的强弱** 　　**解题思路：** 在肝脏中，脂肪酸氧化分解的中间产物乙酰乙酸 CoA、β-羟基丁酸及丙酮，三者统称为酮体。肝脏具有较强的合成酮体的酶系，但却缺乏利用酮体的酶系。酮体是脂肪分解的产物，而不是高血糖的产物 　　脂肪酸经 β 氧化作用生成乙酰 CoA。两分子乙酰 CoA 可缩合生成乙酰乙酸 CoA，乙酰乙酸可脱羧生成丙酮，也可以还原生成 β-羟基丁酸。而本实验是脂肪酸的氧化作用，因此绝大部分的乙酰乙酸都氧化生成了丙酮，故可以通过测丙酮量来推算其氧化强弱 　　**用来培养学生逻辑思维能力，检查学生对酮体概念的掌握与理解**
学术拓展	**1. 代表性生物化学研究工作 1：** Foster DW，McGarry JD. 1983. The metabolic derange-ments and treatment of diabetic ketoacidosis. N Engl J Med，309：159-169 　　其介绍了生物体内酮体的利用 **2. 代表性生物化学研究工作 2：** McGarry JD，Foster DW. 1980. Regulation of hepatic fatty acid oxidation and ketone body production. Annu Rev Biochem，49：395-420 **3. 代表性生物化学研究工作 3：** Robinson AM，Williamson DH. 1980. Physiological roles of ketone bodies as substrates and signals in mammalian tissues. Physiol Rev，60：143-187
主要参考文献	1. 王镜岩. 2002. 生物化学：下册. 3 版. 北京：高等教育出版社：230-256 2. 马文丽. 2014. 生物化学. 2 版. 北京：科学出版社：134-151 3. 张丽萍，杨建雄. 2015. 生物化学简明教程. 5 版. 北京：高等教育出版社：217-234 4. Nelson DL，Cox MM. 2000. Lehninger Principles of Biochemistry. 3rd ed. New York：Worth Publishers：667-693 5. Nelson DL，Cox MM. 2000. Lehninger 生物化学原理（中文版）. 3 版. 周海梦，昌增益，江凡，等译. 北京：高等教育出版社：513-533

学时二十　泛素介导的蛋白质降解途径

课时来源	第五章　代谢调节
教学内容	1. 外源蛋白消化成氨基酸和寡肽后被吸收 2. 蛋白质在肠道发生腐败作用 3. 泛素介导的蛋白质降解 　3.1 泛素和泛素化 　3.2 泛素调节的蛋白质降解概述 　3.3 泛素化复合体和26S蛋白酶体 　3.4 泛素的蛋白质降解途径
教学目的	1. 掌握蛋白质在肠道发生腐败作用 2. 掌握泛素与泛素化的相关内容
设计思想	本章节主要介绍泛素-蛋白酶体途径介导的蛋白质降解过程，其是机体调节细胞内蛋白质水平与功能的一个重要机制。负责执行这个调控过程的组成成分包括泛素及其启动酶系统和蛋白酶体系统。泛素启动酶系统负责活化泛素，并将其结合到待降解的蛋白质上，形成靶蛋白多聚泛素链，即泛素化。蛋白酶体系统可以识别泛素化的蛋白质并将其降解。此外，细胞内还有另一类解离泛素链分子的去泛素化蛋白酶，形成反向调节。泛素-蛋白酶体途径涉及许多细胞的生理过程，其调节异常与多种疾病的发生有关 　　学生具有一定的知识储备，而且根据他们前期课程所奠定的基础，他们对基本的化学反应和蛋白质降解的知识体系已有所掌握，因此他们已具备一定的知识和分析能力。本节课的教学主要围绕以下两点：一是掌握生物体内蛋白质的分解代谢，明白其中的关键步骤和产能步骤；二是掌握泛素介导的蛋白质降解途径。本节的核心内容是通过观察、探究等活动明确泛素调节的蛋白质降解代谢过程 　　讲解本节课时，采用**归纳和概括法**。在介绍掌握生物体内蛋白质分解代谢中，培养学生对前沿知识的展示能力，注重学生对知识体系的理解，构建知识的网络结构，以及对知识的拓展和提升。采用**案例导入**、归纳和概括法逐层引出各知识点，

设计思想	引入泛素等学术前沿知识。在学法设计上，让学生用**探索法**、**发现法**去建构知识，了解书本上泛素调节的蛋白质降解过程的生理意义，引起学生的学习兴趣
教学重点	基本知识点 1：掌握生物体内蛋白质的分解代谢 基本知识点 2：掌握泛素调节的蛋白质降解过程
教学难点	**1. 案例分析中涉及的代表性的研究工作：生物体内蛋白质的分解代谢** 　　难点说明：对于本节而言，生物体内蛋白质的分解代谢是教学的重点，但是由于反应式复杂繁多，很多学生的有机化学基础知识不牢固，掌握起来较困难 　　解决方法：归纳和概括法结合。在学法指导上，结合生化反应的特点，首先强调生物体内蛋白质的分解代谢，再教会学生运用已有的化学知识理解反应机理，明白底物的来源、产物如何产生，从而激发学生的学习兴趣，引导其自主学习 **2. 案例分析中涉及的代表性的研究工作：泛素调节的蛋白质降解过程** 　　难点说明：对本节课而言，掌握泛素调节的蛋白质降解过程是学术前沿领域，需要学生加强记忆 　　解决方法：采用案例导入、归纳和概括法。学生还可在教师的指导下通过归纳总结等形式，充分理解很多生活中的实例，如生物体内"死亡之吻"，来引起学生学习兴趣。综上，本节课的内容是通过创设情境，激发学习兴趣，进行组织活动，使学生探索新知，学以致用
教学进程与方法手段	**教学进程 1**：利用**归纳和概括法**重点介绍基础知识点，即生物体内蛋白质的分解代谢 课程导入：蛋白质的分解代谢机制总结 课程讲授： 　　首先，展示图示并结合生化反应的特点，强调生物体内蛋白质的分解代谢 　　其次，通过结合具体例子，教会学生运用已有的化学知识理解反应机理，明白底物的来源、产物如何产生，从而激发学生的学习兴趣，引导其自主学习 **教学进程 2**：利用多种教学方法介绍基础知识点，即泛素调节的蛋白质降解过程 课程导入：以诺贝尔奖"死亡之吻"作为案例导入本节课，激发学生的学习的兴趣，了解前沿知识

教学进程与方法手段	**课程讲授：** 首先，结合图片介绍什么是泛素和泛素化 其次，先详细讲解生物体内蛋白质的两种降解过程。一种是溶酶体，不需要能量，无选择性地降解。另一种是需要能量、高效率、指向性很强的降解过程。重点对泛素调节的蛋白质降解过程进行概述 再次，结合图示讲解泛素化复合体，分别讲解泛素激活酶（ubiquitin-activating enzyme）（E1）、泛素结合酶（ubiquitin-conjugating enzymes）（E2）、泛素连接酶（ubiquitin ligase enzymes）（E3）。并详细讲解 26S 蛋白酶体降解蛋白质的途径 最后，介绍泛素蛋白降解途径和蛋白质泛素化在细胞分裂、DNA 修复、基因复制、新生蛋白质的质量控制、解释免疫系统的工作方式、探索一些疾病的发生机理等几方面的应用 在课堂的最后进行总结，与学生一起总结出泛素化修饰过程是一种可逆的共价修饰过程。被泛素化修饰后的蛋白质不止参与蛋白质降解过程，它还能够调节被修饰蛋白的稳定性、功能活性状态及细胞内定位等情况。泛素-蛋白酶体途径是生物体内蛋白质降解主要方式
教学评价与教学检测	**题目 1：泛素复合体的组成及功能** **解题思路：**泛素是通过一系列泛素启动酶的作用而与靶蛋白连接的。泛素启动酶包括 E1、E2 和 E3。首先，在 ATP 参与下，游离的泛素被 E1 激活，即 E1 的半胱氨酸残基与泛素 C 端甘氨酸残基形成高能硫酯键。然后，活化的泛素被转移到 E2 的活性半胱氨酸残基上，形成高能硫酯键。接着，E2 再将泛素传递给相应的 E3。E3 可直接或间接地促进泛素转移到靶蛋白上，使泛素的 C 端羧酸酯与靶蛋白赖氨酸的氨基形成异肽键，或转移到已与靶蛋白相连的泛素上形成多聚泛素链，以上即泛素化过程。在该途径中，E3 是通过识别和结合特异的靶蛋白序列或降解决定子（决定某一蛋白质发生降解或部分降解的序列）来特异性地调节靶蛋白的降解代谢 检查学生对知识的理解和掌握情况，让学生形成正确的知识框架和知识结构

教学评价与 教学检测	**题目 2：蛋白质降解的泛素化过程的应用有哪些** 　　**解题思路：**大量实验证实，泛素蛋白酶体途径是细胞内环境稳定的关键调节因素，许多重要蛋白质都在此通路的调控之下。例如，泛素-蛋白酶体系统对核内转录因子 NF-κB 信号通路的调控。在受刺激细胞中，NF-κB 的抑制因子（IKB）被 IKB 激酶（IKK）作用磷酸化，形成多聚泛素化链并被降解，从而使 NF-κB 活性增加，相关的基因表达增强。最近研究显示，泛素-蛋白酶体系统调控 NF-κB 通路可以在多个不同水平上进行。在上游，各种不同的上游信号分子可以激活相应 E3，促进 IKK 的泛素化与降解，而对应的去泛素化特异酶（CYLD）则起相反作用，从而对 IKK 的活性形成正、反双向调节。由此可见，泛素-蛋白酶体通路对细胞内信号转导及细胞生长调控是一个很重要的调节因素，并与许多生理及病理过程密切相关 　　**培养学生将知识联系生活实际，与生活实践相结合，了解知识在生活中的应用情况**
学术拓展	**1. 代表性生物化学研究工作 1：**Callis J. 2014. The ubiqutination machinery of the ubiquitin system. Arabidopsis Book，12（e0174）：e0174 　　其介绍了蛋白质的泛素化降解途径的作用机制 **2. 代表性生物化学研究工作 2：**Wagenmakers AJ. 1998. Protein and amino acid metabolism inhuman muscle. Advances in Experimental Medicine and Biology，441：307-319 　　其介绍了生物体内蛋白质和氨基酸的代谢 **3. 代表性生物化学研究工作 3：**Hershko A，Ciechanover A. 1998. The ubiqutin system. Annu Rev Biochem，67：425-479 　　其介绍细胞内蛋白质降解的泛素系统 **4. 推荐阅读文献：**Fickart CME，Ddins MJ. 2004. Ubiquitin：structure，functions，mechanisms. Biochim Biophys Acm，1695（1-3）：55-72
主要参考文献	邱小波，王琛，王琳芳. 2008. 泛素介导的蛋白质降解. 北京：中国协和医科大学出版社 　　其系统和深入地介绍了泛素介导的蛋白质降解的作用机理和试验方法

学时二十一　尿素循环

课时来源	第五章　物质代谢
教学内容	1. 氨的来源、去路 2. 鸟氨酸循环——合成尿素
教学目的	1. 掌握氨的来源、去路 2. 掌握鸟氨酸循环
设计思想	本节的核心内容是氨的来源、去路及鸟氨酸循环，开门见山地说明本节课将要学习的内容。生物体内的鸟氨酸循环（ornithine cycle），也称为尿素循环（urea cycle）。提到尿素，就会联想到氨。回顾之前所学知识，与新知识建立联系。通过之前的学习，大家知道氨是机体正常代谢的产物，如生物体内氨基酸的脱氨基作用可产生氨，这些氨会进入血液形成血氨。但同时氨也是一种剧毒物质，动物实验已经证明氨是强烈的神经毒物，脑组织对氨尤为敏感。在人体内，氨在血液中的含量超过 1%，便能引发高血氨症，而高血氨症时可引起脑功能障碍，称为氨中毒。症状为语言混乱、视力模糊，严重时会出现昏迷甚至死亡。引导学生思考，机体在正常的情况下，并没有发生氨的堆积中毒现象，这说明体内一定有一套解除氨毒的代谢机构，从而将血氨的来源与去路维持在动态平衡之中，以维持血氨浓度相对恒定。那么机体内产生的氨有哪些重要来源？维持血氨浓度相对恒定后，多余的氨又有哪些代谢去路？这与尿素循环有什么关系？有效激发学生的好奇心和求知欲 　　利用示意图详细讲解鸟氨酸循环。目前发现氨的转运有两条路径，第一条路径是肌肉中的氨以无毒的丙氨酸形式运输到肝；第二条路径是在脑等组织，氨会结合谷氨酸在谷氨酰胺合成酶的作用下，形成中性无毒的谷氨酰胺，通过血液循环转运到肝脏。谷氨酰胺是氨的解毒产物，也是氨的储存及运输形式 　　通过上述两种路径，血液将身体各组织的氨转运到肝脏后便开始合成尿素

设计思想	尿素的生成主要发生在肝细胞的线粒体及细胞液中。整个过程分为三个阶段：第一阶段为鸟氨酸与二氧化碳和氨作用生成瓜氨酸；第二阶段为瓜氨酸与氨作用，合成精氨酸；第三阶段精氨酸被肝中精氨酸酶水解产生尿素和重新放出鸟氨酸，反应从鸟氨酸开始，结果又重新产生鸟氨酸，实际上这些反应形成一个循环，故称为鸟氨酸循环。整个过程主要有 5 步反应，由 5 种酶来催化
教学重点	基本知识点 1：氨的来源、去路 基本知识点 2：鸟氨酸循环——合成尿素
教学难点	**难点说明**：鸟氨酸循环，这部分内容具有一定的微观性，较为抽象，因此学生理解起来比较困难 　　**解决方法**：采用由浅入深的方法，从氨的来源着手过渡到氨的去路，进入鸟氨酸循环等内容的讲解。当这些氨进入血液后，在达到体内正常的血氨浓度后，多余的氨又有哪些去路？在动物体内氨的去路有 3 条，合成非必需氨基酸及含氮化合物，或以谷氨酰胺的形式贮存，或排泄。由于外界生活环境的改变，在进化过程中各种动物在氨的排泄机制上有所不同。目前发现，在水生动物中过多的氨直接排出体外；鸟类和爬行动物体内的氨则转变成尿酸解毒；而高等动物，大多数脊椎动物则将产生的氨转变为尿素而解毒 　　那么在高等动物体内，氨是如何转变成尿素的呢？这就与此处要介绍的鸟氨酸循环密切相关 　　这个循环是由 Hans Krebs 和 Kurt Henseleit 在 1932 年提出的，其发现早于三羧酸循环，是第一个被发现的代谢通路。由于有鸟氨酸的参与，因此又称为鸟氨酸循环。该过程发生在肝细胞中，而氨基酸代谢产生的氨却遍布全身，这就需要氨的转运 　　目前发现氨的转运有两条路径。第一条路径是肌肉中的氨以无毒的丙氨酸形式运输到肝。第二条路径是在脑等组织，氨会结合谷氨酸在谷氨酰胺合成酶的作用下，形成中性无毒的谷氨酰胺，通过血液循环转运到肝脏。谷氨酰胺是氨的解毒产物，也是氨的储存及运输形式。通过上述两种途径，血液将身体各组织的氨转运到肝脏后便开始合成尿素。尿素的生成主要发生在肝细胞的线粒体及细胞液中，整个过程分为三个阶段。第一阶段为鸟氨酸与二氧化碳和氨作用生成瓜氨酸；第二阶段为瓜氨酸与氨作用，合成精氨酸；第三阶段精氨酸被肝中精氨酸酶水解产生尿素和重新放出鸟氨酸，反应从鸟氨酸开始，结果又重新产生鸟氨酸，实际上这些反应形成一个

教学难点	循环，故称为鸟氨酸循环。整个过程主要有 5 步反应，由 5 种酶来催化
教学进程与方法手段	**课程导入**：开门见山地说明本节课将要学习的内容。生物体内的鸟氨酸循环（ornithine cycle），也称为尿素循环（urea cycle） **采用直观讲解的方式对鸟氨酸循环进行陈述**： 　　这个循环是由 Hans Krebs 和 Kurt Henseleit 在 1932 年提出的，发现早于三羧酸循环，是第一个被发现的代谢通路。由于有鸟氨酸的参与，因此又称为鸟氨酸循环。该过程发生在肝细胞中，而氨基酸代谢产生的氨却遍布全身，这就需要氨的转运 　　目前发现，氨的转运有两条路径。第一条路径是肌肉中的氨以无毒的丙氨酸形式运输到肝。在动物的肌肉组织中，由糖酵解产生的丙酮酸在转氨酶的作用下，接受其他氨基酸的氨基形成丙氨酸，通过血液循环到达肝脏，在谷丙转氨酶的催化下，将氨基转给 α-酮戊二酸生成丙酮酸和谷氨酸，谷氨酸在谷氨酸脱氢酶的催化下脱去氨基又生成 α-酮戊二酸，氨进入鸟氨酸循环合成尿素，然后通过血液循环到肾排泄。而丙酮酸在肝通过糖异生作用生成葡萄糖，再通过血液循环到肌肉氧化供能。这样转运一分子丙氨酸相当于将一分子氨和一分子丙酮酸从肌肉带到肝，既清除了肌肉中的氨，又避免了丙酮酸或乳酸在肌肉中的积累。这个过程在肌肉和肝中形成了一个循环，即葡萄糖-丙氨酸循环 　　第二条路径是在脑等组织，氨会结合谷氨酸在谷氨酰胺合成酶的作用下，形成中性无毒的谷氨酰胺，通过血液循环转运到肝脏。谷氨酰胺是氨的解毒产物，也是氨的储存及运输形式 　　通过上述两种途径，身体各组织的氨通过血液转运到肝脏后便开始合成尿素 　　尿素的生成主要发生在肝细胞的线粒体及细胞液中。整个过程分为三个阶段。第一阶段为鸟氨酸与二氧化碳和氨作用生成瓜氨酸；第二阶段为瓜氨酸与氨作用，合成精氨酸；第三阶段精氨酸被肝中精氨酸酶水解产生尿素和重新放出鸟氨酸。反应从鸟氨酸开始，结果又重新产生鸟氨酸，实际上这些反应形成一个循环，故称为鸟氨酸循环。整个过程主要有 5 步反应，由 5 种酶来催化
教学评价与教学检测	尿素循环的 5 个特点如下 （1）发生部位：尿素循环发生的部位有 2 个，分别是肝细胞的线粒体基质和细胞液

教学评价与教学检测	（2）原料，合成尿素需要两分子氨，一分子来自谷氨酸的氧化脱氨，另一分子来自天冬氨酸（而天冬氨酸的氨是由其他氨基酸通过转氨基作用转给草酰乙酸生成的） （3）重要的中间产物：精氨酸、鸟氨酸、瓜氨酸 （4）关键调控酶：氨基甲酰磷酸合成酶Ⅰ、精氨酸代琥珀酸合成酶 （5）能量的产生或消耗：该反应是个合成反应，合成反应一般需要消耗能量，上述 5 步反应，共消耗 3 个 ATP、4 个高能磷酸键 当肝功能严重损害时，尿素合成发生障碍，血氨浓度升高，导致高血氨（hyperammonemia）。当氨进入脑组织时，可与脑中的 α-酮戊二酸结合生成谷氨酸，氨也可以和脑中的谷氨酸进一步结合生成谷氨酰胺，导致脑中的 α-酮戊二酸减少，进而影响三羧酸循环，导致循环减弱，使得脑中的 ATP 生成量降低，引起大脑功能性障碍，称为氨中毒。严重时可以发生昏迷甚至死亡 尿素循环是生物体内氨代谢中一个非常重要的循环，它的一个最重要的生理意义就是它是肝脏中去氨解毒的主要途径
学术拓展	**代表性生物化学研究工作**：Lotta LA，Scott RA，Sharp SJ，et al. 2016. Genetic predisposition to an impaired metabolism of the branched-chain amino acids and risk of type 2 diabetes：A mendelian randomisation analysis. Plos Medicine，13（11）：e1002179 其详细介绍了氨基酸代谢与糖尿病的关系
主要参考文献	1. 王镜岩. 2002. 生物化学：上册. 3 版. 北京：高等教育出版社：303-339 2. 马文丽. 2014. 生物化学. 2 版. 北京：科学出版社：165-173 3. 张丽萍，杨建雄. 2015. 生物化学简明教程. 5 版. 北京：高等教育出版社：242-257 4. Nelson DL，Cox MM. 2008. Lehninger Principles of Biochemistry. 3rd ed. New York：Worth Publishers 5. Nelson DL，Cox MM. 2000. Lehninger 生物化学原理（中文版）. 3 版. 周海梦，昌增益，江凡，等译. 北京：高等教育出版社：708-750

学时二十二 NO 信号分子对心脑血管的作用机制

课时来源	第五章 代 谢 调 节
教学内容	1. NO 生物活性的发现 2. NO 信号分子及其受体的特征 3. NO 信号分子的产生 4. NO 信号分子舒张血管的机制 5. NO 的生物学作用
教学目的	1. 掌握 NO 生物活性的发现过程 2. 掌握 NO 在人身体各个系统中的生物学作用 3. 了解 NO 信号分子及其受体的理化特征及其功能 4. 掌握 NO 信号分子舒张血管的机制 5. 发展结构决定功能的科学思维
设计思想	目前,NO 信号分子对心脑血管疾病的调节不仅是生命科学领域的重大课题,也是当前国际基础研究的重点和热点。1998年,伊格纳罗博士等由于发现 NO 在心血管系统中具有独特的信号分子作用而获得诺贝尔生理学或医学奖,这也揭开了 NO 对人类健康的重要性之谜。本节课着重讲解 NO 在人体中的生物学作用 NO 虽然是一种很不起眼的小分子,但在 1998 年,Furchgott,Ignarro 和 Murad 却因为对 NO 分子的研究而获得了诺贝尔生理学或医学奖。因为 NO 信号分子对人体各种机能特别是平滑肌舒张有着重要的调节作用,本节课将讲述 NO 信号分子舒张平滑肌的机理。NO 起着信使分子的作用。当内皮要向肌肉发出放松指令以促进血液流通时,它就会产生一些 NO 分子,这些分子很小,能很容易地穿过细胞膜。肌肉细胞接收信号后必然做出反应。如果从外部通过硝酸甘油提供一氧化氮,那么得到的结果也与上述情况完全相同
教学重点	基本知识点 1:掌握 NO 的生物活性的发现过程 基本知识点 2:掌握 NO 调节平滑肌作用的机理

教学难点	**NO 信号分子在平滑肌细胞中的作用机制** 　　**难点说明**：NO 信号分子可以作为第一信使激活鸟苷酸环化酶与 GTP 作用，产生第二信使 cGTP，后者可以通过抑制肌动-肌球蛋白复合信号通路来使平滑肌舒张。这一过程复杂易混淆，学生不易掌握和记忆 　　**解决方法**：采用图示法。通过用带有反应流程的图片来讲解反应机制，可以将反应的过程比较清晰地展现给学生，使学生更好地理解和记忆整个作用过程（详见课程 PPT）
教学进程与 方法手段	**教学进程 1**：通过**案例教学法**和**启发教学法**相结合的方法重点介绍基础知识点，即 NO 的发现 **课程导入**：利用 3 位在 1998 年对 NO 在心血管中作为信号分子的研究而获诺贝尔生理学或医学奖的科学家作为切入点，引起学生的学习兴趣，引出课题 **课程讲授**： 　　NO 的发现是一个相对漫长的过程，科学家先后做了多个实验进行研究 　　首先介绍弗奇格特研究 ACh 对动脉条的生理作用，实验存在一个令人困惑不解的现象，给整体动物注射 ACh 引起血管舒张效应，而 ACh 对离体血管条产生收缩作用 **教学进程 2**：重点介绍 NO 的作用过程 **课程导入**：Furchgott, Ignarro 和 Murad 获得 1998 年的诺贝尔生理学或医学奖的原因是他们发现了 NO 在心脑血管中的调节作用。那么 NO 信号分子是如何调节平滑肌使其血管舒张的呢 **课程讲授**： 　　首先，我们必须先了解 NO 信号分子的特点，一个分子有什么样的物理化学性质就决定了它将有什么样的生物学功能。NO 信号分子很小并且是脂溶性的，这就说明 NO 可以迅速地在细胞之间扩散以发挥它的功能。NO 受体有着鸟苷酸环化酶的活性，因此可以使环鸟苷酸的含量升高，环鸟苷酸在人体中有着很多生物学功能，调节人体的各种代谢 　　既然 NO 分子在人体中有着重要的功能，那么它又是如何产生的呢？乙酰胆碱（acetylcholine, Ach）与血管内皮细胞（endothelial cell）上的受体结合后使细胞质中的钙离子含量大大提高。钙离子与钙调蛋白结合后，使一氧化氮合酶（NOS）活化，然后以精氨酸为底物，NADPH 提供电子，产生 NO（图 22-1）

教学进程与 方法手段	NO 使平滑肌舒张的机制比较复杂。它先从内皮细胞扩散到平滑肌细胞中，然后与 NO 受体结合，由于 NO 受体有鸟苷酸环化酶的活性，当 NO 与鸟苷酸环化酶活性中心的二价铁离子结合后，鸟苷酸环化酶的活性大大提高，从而利用 GTP 产生 cGMP，环鸟苷酸作为第二信使会活化依赖环鸟苷酸的磷酸激酶 G，而活化的磷酸激酶 G 又会通过将肌球蛋白轻链去磷酸化从而抑制肌动-肌球蛋白复合信号通路，使平滑肌舒张 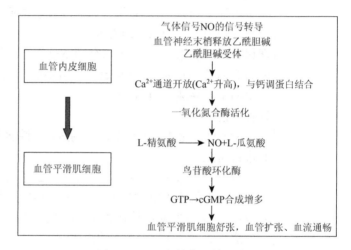 图 22-1　NO 气体信号转导过程 **教学进程 3**：利用**分析和综合归纳法**介绍基础知识点，即 NO 在人体各个系统中的作用 **课程导入**：从人们对 NO 在生态系统中的影响的了解导入，进一步带领学生学习 NO 在身体各个系统中的作用 **课程讲授**： 　　首先，通过 PPT 概述 NO 在人体的哪些系统中有作用。从三个方面进行介绍：第一，NO 在心脑血管系统中的作用。NO 可调节整个心血管的弹性，以确保全身氧气充分供应，防止脂类、血小板、白细胞等的黏附，以保持血管管腔通畅无阻。第二，NO 在神经系统中的作用。它是神经细胞的信号因子，也是神经突触的传导因子。第三，NO 在免疫系统中的作用。它对细菌、真菌、寄生虫、瘤细胞有杀伤作用，对体内的肿瘤细胞有毒性作用。为下面环节的学习打下基础

教学进程与方法手段	其次，以硝酸甘油为例讲解 NO 在心脑血管中的作用。展示人体内 NO 的作用过程，讲述硝酸甘油在这个过程中起到什么样的作用 再次，讲述 Murad 博士的 NO 养生法 最后，课堂小结。带领学生一起进行知识梳理，使知识易于理解，便于学生掌握
学术拓展	**1. 代表性生物化学研究工作 1**：Neill SJ，Desikan R，Clarke A，et al. 2002. Hydrogen peroxide and nitric oxide as signalling molecules in plants. Journal of Experimental Botany，53（372）：1237-1247 　其详细介绍了 NO 信号分子 **2. 代表性生物化学研究工作 2**：The Nobel Prize in Physiology or Medicine 1998 was awarded jointly to Robert F. Furchgott，Louis J. Ignarro and Ferid Murad for their discoveries concerning nitric oxide as a signalling molecule in the cardiovascular system 　1998 年诺贝尔生理学或医学奖：发现 NO 是心血管系统中的信号分子 **3. 代表性生物化学研究工作 3**：Durner J，Klessig DF. 1999. Nitric oxide as a signal in plants. Current Opinion in Plant Biology，2（5）：369 　其详细介绍了 NO 信号分子在植物中的作用
主要参考文献	1. 王身立，康兵. 1998. 1998 年诺贝尔生理学或医学奖：发现一氧化氮是心血管系统中的信号分子. 生命科学研究，2（4）：312 2. Howiett R. Nobel award stirs up debate on nitric oxide breakthrough. Nature，1998，395：6253 3. 周志宏. 1992. 一氧化氮：新的血管内皮舒张物质//王身立. 生命科学探索. 长沙：湖南教育出版社 4. 杨荣武. 2006. 生物化学原理. 北京：高等教育出版社：230-251 5. 张丽萍，杨建雄. 2015. 生物化学简明教程. 5 版. 北京：高等教育出版社：49-76 6. Lewin B. 2007. Gene Ⅷ. 8th ed. New York：Worth Publishers 7. Lewin B. 2007. 基因Ⅷ（中文版）. 8 版. 余龙，江松敏，赵寿元，等译. 北京：高等教育出版社：611-839

学时二十三　氧化磷酸化偶联机制

课时来源	第六章　生 物 氧 化
教学内容	1. 氧化呼吸链 2. 氧化磷酸化与电子传递链的偶联 3. 化学渗透假说 4. ATP 在能量的生成、利用、转移和贮存中起核心作用 5. 线粒体内膜对各种物质进行选择性转运
教学目的	1. 掌握氧化磷酸化是将氧化呼吸链释能与 ADP 磷酸化生成 ATP 偶联 2. 掌握氧化磷酸化偶联机制是产生跨线粒体内膜的质子梯度
设计思想	本节课的教学内容是高级生物化学课程第六章生物氧化第二节**生成 ATP 的氧化磷酸化体系**中的部分内容。在教学指导思想上，遵循以学生为主体的原则，在课程组织上充分考虑学生的学习兴趣、思维习惯和认知水平。通过讲述生成 ATP 的氧化磷酸化关键酶体系，利用情境教学调动学生的学习兴趣。联系基本化学反应原理，引导学生探究、思考、推理，逐步完成教学内容，避免简单的知识传授和堆砌 　　本节课的教学主要围绕以下两点：一是掌握氧化磷酸化是将氧化呼吸链释能与 ADP 磷酸化生成 ATP 偶联，关于这个问题目前有 3 种比较著名的假说，即化学偶联假说、构象偶联假说、化学渗透假说，得到各方面公认的是化学渗透假说。二是氧化磷酸化偶联机制是产生跨线粒体内膜的质子梯度。让学生对电子传递链有一个明确认识，掌握其在能量逐级释放中的生物学意义，重点掌握电子传递链各组分的顺序和作用 　　在实施整合式生物化学教学过程中，**教师通过案例 1**（氧化呼吸链能量转换过程），在分析讨论的基础上归纳出要掌握的生物化学知识要点，明确酶活性调节的方式。**教师通过案例 2**（氧化磷酸化偶联机制），以氧化磷酸化偶联能产生跨线粒体内膜的质子梯度为中心轴，采用问题启发教学法逐层引出各知识点，展示化学渗

设计思想	透学说过程。因此，在学习本节时，学生要多结合实验结论，而不必刻意死背条文，真正做到融会贯通，在了解科学家探究过程的同时，培养自己的探究性思维，这样既可加深对理论的理解，也有助于实践的应用
教学重点	基本知识点 1：掌握氧化磷酸化中氧化呼吸链能量间的转化 基本知识点 2：掌握氧化磷酸化偶联机制
教学难点	**1. 案例分析中涉及的代表性的研究工作：掌握氧化磷酸化是将氧化呼吸链释能与 ADP 磷酸化生成 ATP 偶联** 　　**难点说明：**氧化磷酸化中氧化呼吸链能量的转换是课程的授课重点，内容概括性强，理解起来较为抽象，因此也是本节课的教学难点 　　**解决方法：**采用归纳和概括法。教师在充分备课、写好教案、集体备课的基础上，利用制作好的多媒体教学课件，加强直观教学，以加深学生对有关内容的理解和记忆。讲课要采用启发诱导、实例分析、习题作业、课堂讨论等多种形式，生动活泼，突出重点和难点，以调动学生的思维活动，培养分析问题和解决问题的能力 **2. 案例分析中涉及的代表性的研究工作：掌握氧化磷酸化偶联机制是产生跨线粒体内膜的质子梯度** 　　**难点说明：**氧化磷酸化偶联机制是课程的授课重点，内容概括性强，理解起来较为抽象，是本节课的教学难点 　　**解决方法：**采用案例分析和综合归纳法。教师可用课件引导学生分析掌握氧化磷酸化偶联机制是产生跨线粒体内膜的质子梯度，使学生了解氧化磷酸化。教师注意多巡堂、多启发，让学生多动手、多思考，并通过多媒体手段下载有关生化实验的最新方法和技术播放给学生观看，尽可能让学生了解本学科的前沿知识
教学进程与方法手段	**教学进程 1：**利用概括法重点介绍基础知识点，即组成氧化呼吸链的 4 种复合体 **课程导入：**生物体内的氧化呼吸过程 **课程讲授：** 　　首先，通过图示介绍氧化呼吸链由 4 种具有传递电子能力的复合体组成，线粒体电子传递链中，除辅酶 Q（CoQ）和细胞色素 c（Cytc）外，其余均为蛋白质复合物，其中复合体 I 为 NADH-UQ 还原酶，复合体 II 为琥珀酸-UQ 还原酶，复合体 III 为 UQ-Cytc 还原酶，复合体 IV 为细胞色素 c 氧化酶

教学进程与 方法手段	其次，介绍电子传递链的组成，由脱氢酶类、辅酶 Q、铁硫蛋白、结合铜蛋白、细胞色素类五类组成 最后，通过展示图片介绍氧化呼吸链组分按氧化还原电位由低到高的顺序排列，介绍了 NADH 呼吸链和 $FADH_2$ 呼吸链两种呼吸链。根据各种电子传递体的标准氧化还原电位（E'_0）的数值测定，电子总是从对电子亲和力小的低氧化还原电位流向对电子亲和力大的高氧化还原电位。得出 E'_0 越小，供电子趋势越大，还原能力越强；E'_0 越大，得电子趋势越大，氧化能越强 **教学进程 2**：利用归纳概括法重点介绍基础知识点，即氧化呼吸链组分按氧化还原电位分布 **课程导入**：以前沿技术"微生物燃料电池技术"引出科研热点问题，即微生物如何将化学能转变成电能并输出？引起学生的思考，激发学习的兴趣 **课程讲授**： 首先，通过图片展示氧化呼吸链由 4 种具有传递电子能力的复合体组成 其次，尽可能从学生熟悉的事例出发，将知识点联系到他们的实际生活中，使学生易于接受。介绍化学渗透假说的内容，并介绍支持化学渗透假说的实验内容和 ATP 合成的机理
教学评价与 教学检测	**题目 1**：线粒体呼吸链上电子传递的途径有哪些 **解题思路**：由于线粒体中需要经呼吸链氧化和电子传递的主要是 NADH，而 $FADH_2$ 较少，可将呼吸链分为主、次呼吸链 主呼吸链：复合物 Ⅰ、Ⅲ 和 Ⅳ 构成主呼吸链，来自 NADH 的电子依次经过这 3 个复合物，进行传递 次呼吸链：复合物 Ⅱ、Ⅲ、Ⅳ 构成次呼吸链，来自 $FADH_2$ 的电子不经过复合物 Ⅰ 检查学生对知识的理解和掌握，牢固掌握电子传递的途径 **题目 2**：氧化磷酸化的偶联机制有哪些 **解题思路**：氧化磷酸化的偶联机制主要为化学渗透假说，由英国生物化学家米切尔（P. Mitchell）于 1961 年提出。他认为电子传递链像一个质子泵，电子传递过程中所释放的能量，可促使质子由线粒体基质移位到线粒体内膜外膜间空间形成质子电化学梯度，即线粒体外侧的 H^+ 浓度大于内侧并蕴藏了能量，当电子传递被泵出的质子，这些质子在 H^+ 浓度梯度的驱动下，通过 ATP 合酶中的特异的 H^+ 通道或"孔道"流动返回线粒体基质时，

教学评价与教学检测	则由于 H^+ 流动返回所释放的自由能使 ATP 合酶催化 ADP 与 Pi 偶联生成 ATP 　　具体的偶联过程：①NADH 和 $FADH_2$ 的氧化，其电子沿呼吸链的传递，造成 H^+ 被 3 个 H^+ 泵（即 NADH 脱氢酶、细胞色素复合体和细胞色素氧化酶）从线粒体基质跨过内膜泵入膜间隙。②H^+ 泵出，在膜间隙产生一高的 H^+ 浓度，这不仅使膜外侧的 pH 较内侧低（形成 pH 梯度），还使原有的外正内负的跨膜电位增高，由此形成的电化学质子梯度成为质子动力，是 H^+ 的化学梯度和膜电势的总和。③H^+ 通过 ATP 合酶流回到线粒体基质，质子动力驱动 ATP 合酶合成 ATP 　　检查学生对氧化磷酸化的偶联机制的掌握和理解，培养学生系统掌握知识的能力
学术拓展	**1. 代表性生物化学研究工作 1**：Ferguson-Miller S. 1996. Mam malian cytochrome coxidase，a molecular momster subdued. Science，272：1125 　　其介绍了线粒体呼吸链上的化学渗透假说 **2. 代表性生物化学研究工作 2**：Kroemer G. 2003. Mitochondrial control of apoptosis：An introduction. Biochemical and Biophysical Research Comunications，304：433-435 　　其介绍了线粒体呼吸链上的氧化磷酸化过程 **3. 代表性生物化学研究工作 3**：Moserc C. 1992. Nature of biological electron transfer. Nature，355：796-802 　　其介绍了氧化电子传递链上的电子转移 **4. 推荐阅读文献**：Trumpower BL. 1990. Cytochrome bc1 complexes of microorganisms. Microbiological Reviews，54：101-129
主要参考文献	1. 王镜岩. 2002. 生物化学：上册. 3 版. 北京：高等教育出版社：114-146 2. 马文丽. 2014. 生物化学. 2 版. 北京：科学出版社：118-129 3. 张丽萍，杨建雄. 2015. 生物化学简明教程. 5 版. 北京：高等教育出版社：165-182 4. Nelson DL，Cox MM. 2000. Lehninger Principles of Biochemistry. 3rd ed. New York：Worth Publishers：731-797 5. Nelson DL，Cox MM. 2000. Lehninger 生物化学原理(中文版). 3 版. 周海梦，昌增益，江凡，等译. 北京：高等教育出版社：569-617

学时二十四 线粒体内膜上 ATP 的合成问题

课时来源	第六章 生 物 氧 化
教学内容	1. ATP 合酶的背景 2. ATP 合酶的结构 3. ATP 合酶的作用机制
教学目的	1. 了解 ATP 合酶的历史 2. 掌握 F_1F_0-ATP 合酶的结构 3. 掌握 F_1F_0-ATP 合酶的作用机制
设计思想	本节课的教学内容是生物化学课程生物氧化第二节生成 ATP 的氧化磷酸化体系中的部分内容。在教学指导思想上，遵循以学生为主体的原则，在课程组织上充分考虑学生的学习兴趣、思维习惯和认知水平。化学渗透假说认为：位于线粒体内膜上的电子传递链系列复合体将电子逐级向下传递的同时，将氢质子从线粒体内膜基质侧传递到线粒体膜间隙侧；由于线粒体内膜的不通透性，伴随着氢质子的不断运出，线粒体内膜间隙侧质子浓度高于基质侧，从而产生质子的电化学梯度；质子梯度中蕴藏的电化学势能，在质子回流过程中，会通过 ATP 合酶驱动 ADP 与磷酸基团结合生成 ATP。该学说提出质子电化学梯度的形成将氧化和磷酸化过程相偶联，其中 ATP 合酶是磷酸化过程的关键，接下来我们将学习有关 ATP 合酶的内容 本节课的教学主要围绕以下两点：一是掌握 ATP 合酶是由 F_0 和 F_1 两个旋转马达组成的。通过学习 ATP 合酶的组成，掌握其是怎样进行工作的。通过学习 ATP 合酶的组成，了解教师课程设计的思想。二是掌握 ATP 合酶的作用机制，简洁提炼出其生理意义，让学生对 ATP 合酶是怎样合成 ATP 的有一个明确认识
教学重点	基本知识点 1：掌握 F_1F_0-ATP 合酶的结构 基本知识点 2：掌握 F_1F_0-ATP 合酶的作用机制

教学难点	**1. 案例分析中涉及的代表性的研究工作：组成 ATP 合酶的结构** 　　**难点说明**：通过一个直观的 ATP 合酶的动图，引导学生探究、思考、推理，逐步完成学习 ATP 合酶结构的过程，及时总结归纳学过的结构及特点，这是本节课授课的重点 　　**解决方法**：采用归纳概括法。在课程中，联系图片和学过的知识引导学生探究、思考、推理，逐步完成教学内容，避免简单的知识传授和堆砌 　　英国科学家 Walker 阐述了 ATP 合酶的氨基酸组成，在结构组成上，ATP 合酶含有亲水的 F_1 头部和疏水的 F_0 尾部。其中 F_1 亲水头部伸向线粒体内膜的基质侧，呈粒状凸起，F_0 疏水尾部则镶嵌在线粒体内膜中。F_1 复合体由 3 个 α 亚基、3 个 β 亚基、1 个 γ 亚基、1 个 δ 亚基和 1 个 ε 亚基组成，其中 3 个 α 亚基和 3 个 β 亚基交替排列形成 F_1 复合体的头部，呈现一个橘子瓣结构，其中 β 亚基是合成 ATP 的关键部位。F_0 复合体由 1 个 a 亚基，2 个 b 亚基和 9～12 个 c 亚基构成的 c 蛋白组成，其中 a 和 c 亚基是质子回流的通道，不同物种中组成 c 蛋白亚基的个数不同，但最终会组成环状复合体 **2. 案例分析中涉及的代表性的研究工作：ATP 合酶的机制** 　　**难点说明**：探讨 ATP 合酶是怎样合成 ATP 的，这是本节课授课重点 　　**解决方法**：归纳概括法和启发教学法相结合。通过给出的图，一步步地引导学生分析它的作用机制，并在适当的地方设置问题，引导学生思考 　　值得注意的是，ATP 合酶是自然界中最小的发动机，同样也包括发动机所必需的转子和定子部分。其转子部分包括 c 蛋白、γ 和 δ 亚基，定子部分则包括 3 个 α 亚基、3 个 β 亚基、a 亚基和 b 亚基。定子部分的 b 亚基在复合体上端与转子部分中 γ 和 δ 亚基的上端结合，将 3 个 α 亚基和 3 个 β 亚基的上部锚合固定；b 亚基在复合体下端与 a 亚基结合固定，形成稳固的 ATP 合酶复合体的框架。转子部分的 γ 亚基贯穿 α 和 β 亚基头部橘瓣状复合体中，在复合体上端与 b 亚基和 δ 亚基锚合固定，在 γ 亚基的下端与 c 蛋白结合，在 c 蛋白复合体旋转的同时，自发带动 γ 亚基旋转

教学方法与教学策略	1. 利用**归纳概括法**介绍基础知识点：ATP 合酶的发现历史 根据 ATP 合酶的研究顺序，在 PPT 上呈现一个时间轴，按照时间轴的顺序给学生介绍 ATP 合酶的发现历史，明确 ATP 合酶的概念。注意介绍各事件之间的联系和自然过渡 2. 利用**归纳概括法**介绍基础知识点：ATP 合酶的结构 根据本节课的知识特点，先给出学生 ATP 合酶的动态结构图片，让学生对它的结构有一个大体感受。在教师情境创设的引导下，引导学生思考和分析问题，它为什么会这样旋转呢？在教学过程中遵循以学生为主体的原则，在课程组织上充分考虑学生的学习兴趣、思维习惯和认知水平。联系基本化学反应原理，引导学生探究、思考、推理，逐步完成教学内容，避免简单的知识传授和堆砌。注意课程段落间的逻辑性和自然过渡 3. 利用**归纳概括法**介绍基础知识点：ATP 合酶的作用机理 在教学方法上，首先明确 ATP 合酶的作用是颈部的两个亚基通过 F_0 质子流的作用依次与 F_1 上的 β 亚基作用来调节催化位点的构象变化。然后，结合作用机制的图片给学生介绍它是如何来调节催化位点的构象变化的 **在教学策略上**，采用归类式教学，介绍 ATP 合酶的结构和作用机制。将课程内容随时进行归纳总结，使其转化为便于学生理解和记忆的知识点
课堂思考	线粒体内膜上的 ATP 合酶是如何在氢质子的驱动下完成 ATP 合成的 （1）线粒体内膜膜间隙侧氢质子是如何通过 ATP 合酶回流的 在质子回流过程中，必须要通过 ATP 合酶上的质子通道，而质子通道则位于 a 和 c 亚基中。首先观看 PPT 上展示的图片，a 亚基上有两个质子通道(1 个位于线粒体基质侧,1 个位于线粒体膜间隙侧)，这两个通道均为半通道且不连通，由于两者并不连通，因此在氢质子回流过程中，质子进入 a 亚基上靠近线粒体膜间隙侧的半质子通道并将质子传递给 c 亚基，通过 c 亚基的旋转，质子传递到 a 亚基上靠近线粒体膜基质侧的半质子通道，并最终转运出，完成质子回流 （2）质子回流过程中是如何驱动转子旋转的 这与 ATP 合酶上转子部分的结构特性有关，c 蛋白与 γ 亚基是紧密结合的，当 c 亚基旋转时，γ 亚基在 c 蛋白一端同样跟着旋转。由于 γ 亚基自身不规则，自身旋转的同时与 α 和 β 亚基接触，从而改变 α 和 β 亚基的构象，最终合成 ATP

课堂思考	（3）F$_1$ 头部是如何在转子带动下合成 ATP 的 在 F$_1$ 复合体的头部，3 个 α 亚基和 3 个 β 亚基交替排列形成六聚体的横切面，六面体中心是 γ 亚基，γ 亚基自身旋转的同时，与 α 和 β 亚基交替接触，由于 γ 亚基自身不规则，γ 亚基的旋转引起 β 亚基 3 个催化位点构象的周期性变化（L、T、O），不断地将 ADP 和 Pi 加合在一起，形成 ATP 美国科学家 Boyer 为解释 ATP 合酶的作用机理，提出旋转催化假说，认为 ATP 合酶的 β 亚基有 3 种不同的构象：第一种构象为 L 构象（loose），在该构象内 ADP、Pi 与酶疏松地结合在一起；第二种构象为 T（tight）构象，在该构象内 ADP、Pi 与酶紧密结合在一起，在这种情况下可将两者加合在一起；第三种构象为 O（open）构象，在该构象内，ATP 与酶的亲和力很低，被释放出去
学术拓展	**1. 代表性生物化学工作 1**：Boyer PD. 1997. The ATP synthase—a splendid molecular machine. Auun Rev Biochem，66：717-749 　　其详细介绍了 ATP 合酶的分子机制 **2. 代表性生物化学工作 2**：Boyer PD. 1997. Energy，life and ATP.（Nobel lecture）. Angwandte Chemie International Edition，37（17）：2296-2307 　　其详细介绍了 ATP 在氧化和光合磷酸化过程中合成的机制，即一种新的催化形式——旋转催化 **3. 代表性生物化学工作 3**：Cohn M. 1953. A study with ^{18}O of adenosine triphosphate formation in oxidative phosphorylation. J Biol Chem，201：735-750 　　其详细介绍了 ATP 合酶 F$_0$ 尾部的结构 **4. 代表性生物化学工作 4**：Cohn M. 1955. Study of oxidative phosphorylation with ^{18}O labeled inorganic phosphate. J Biol Chem，216：831-846 　　其详细介绍了 ATP 的产生过程 **5. 代表性生物化学工作 5**：Boyer PD. 1997. Oxidative phosphorylation and photophosphorylation. Auun Rev Biochem，46：955-966 　　其详细介绍了氧化磷酸化过程 **6. 代表性生物化学工作 6**：Noji H，Yasuda R，Yoshida M，et al. 1997. Direct observation of the rotation of F-1-ATPase. Nature，386（6622）：299-302 　　其详细介绍了 ATP 合酶 F$_1$ 头部的结构

主要参考文献	1. 王镜岩. 2002. 生物化学：上册. 3 版. 北京：高等教育出版社 2. 马文丽. 2014. 生物化学. 2 版. 北京：科学出版社：93-114 3. 张丽萍，杨建雄. 2015. 生物化学简明教程. 5 版. 北京：高等教育出版社：186-213 4. 杨荣武. 2012. 生物化学原理. 2 版. 北京：高等教育出版社：269-285

学时二十五 物质代谢的相互联系

课时来源	第五章 物 质 代 谢
教学内容	1. 糖、脂、蛋白质代谢之间的相互联系 2. 糖、脂、蛋白质在能量代谢上的相互联系
教学目的	1. 掌握糖、脂、蛋白质在代谢上的物质联系 2. 掌握能量在物质代谢中的转换过程

设计思想	本节课的教学内容是高级生物化学课程第五章物质代谢第一节物质代谢的相互联系中的部分内容。三羧酸循环是各类物质代谢的"总枢纽"，它将各类物质代谢相互沟通，紧密联系在一起。各类代谢中的任何一种物质代谢异常，都必然会影响其他物质的代谢。本章是重要的一章，它将体内各种物质代谢联系起来，从整体上进行考虑，因此物质代谢之间的联系及一些主要组织器官中代谢反应的异同都是学习的重点。代谢调节中的酶变构调节及共价修饰调节也是应掌握的重点。对机体的整体调节也应理解掌握
	     学生具有一定的知识储备，而且根据学生前期课程所奠定的基础，学生对基本的化学反应和糖、脂、蛋白质代谢之间相互联系的知识体系已有所掌握，因此学生已具备一定的知识和分析能力
	     本节课的教学主要围绕以下两点：一是掌握生物体内糖、脂、蛋白质代谢之间的相互联系，明白其中的关键步骤和产能步骤；二是掌握糖、脂、蛋白质代谢之间能量转换的联系。本节的核心内容是通过观察、探究等活动明确三大物质代谢之间的关系。提高分析、类比归纳的学习方法，培养学生处理信息的能力

教学重点	基本知识点 1：掌握糖、脂、蛋白质代谢之间相互联系 基本知识点 2：掌握糖、脂、蛋白质代谢之间能量转换

教学难点	**1. 案例分析中涉及的具有代表性的研究工作：掌握糖、脂、蛋白质代谢之间的相互联系** 　　**难点说明**：三羧酸循环是各类物质代谢的"总枢纽"，它将各类物质代谢相互沟通，紧密联系在一起，是本教学环节的重点和难点 　　**解决方法**：采用归纳概括法 **2. 案例分析中涉及的具有代表性的研究工作：掌握糖、脂、蛋白质代谢之间的能量转换** 　　**难点说明**：糖、脂、蛋白质代谢之间一种物质代谢障碍可引起其他物质代谢紊乱，这是本教学环节的重点和难点 　　**解决方法**：归纳概括法和启发教学法相结合
教学进程与 方法手段	**教学进程 1**：重点掌握各物质能量代谢上的相互联系 **课程导入**：糖代谢、脂代谢、蛋白质代谢可互相替代并互相制约 **课程讲授**： 　　通过实例讲解一般情况下，以糖、脂供能为主，蛋白质是组成细胞的重要成分，通常并无多余储存，机体尽量节约蛋白质的消耗，且糖、脂代谢之间相互制约，如脂肪分解加强会抑制糖分解 　　短期饥饿：糖供不足，糖原很快耗尽，分解蛋白质加速糖异生来供能，脂肪酸分解也加强 　　长期饥饿：长期糖异生增加，会使蛋白质大量分解，不利于机体生存，此时，脂肪分解加强，以脂肪酸和酮体为主要能源 **教学进程 2**：重点掌握物质代谢之间的联系 **课程导入**：糖代谢、脂代谢、蛋白质代谢之间相互联系、相互转变，一种物质代谢障碍可引起其他物质代谢紊乱 **课程讲授**： 　　1. 糖代谢和脂代谢的联系 　　通过图片展示来讲解糖转变为脂肪的过程：葡萄糖代谢产生乙酰 CoA，羧化成丙二酰 CoA，进一步合成脂肪酸，糖分解也可产生甘油，与脂肪酸结合成脂肪，糖代谢产生的柠檬酸和 ATP 可变构激活乙酰 CoA 羧化酶，故糖代谢不仅可为脂肪酸合成提供原料，还促进这一过程的进行

教学进程与方法手段	结合图片讲解脂肪大部分不能变为糖：脂肪分解产生甘油和脂肪酸，脂肪酸分解生成乙酰 CoA，但乙酰 CoA 不能逆行生成丙酮酸，从而不能沿着糖异生途径转变为糖。甘油可以在肝、肾等组织变为磷酸甘油，进而转化为糖，但甘油与大量由脂肪酸分解产生的乙酰 CoA 相比是微不足道的，因此脂肪绝大部分不能转变为糖 　　2. 糖与氨基酸代谢的联系 　　通过举例说明大部分氨基酸可变为糖：除生酮氨基酸（亮氨酸、赖氨酸）外，其余 20 种氨基酸都可脱氨基生成相应的 α-酮酸，这些酮酸再转化为丙酮酸，即可生成糖 　　糖只能转化为非必需氨基酸：糖代谢的中间产物如丙酮酸等可通过转氨基作用合成非必需氨基酸，但 8 种必需氨基酸在体内不能转化合成 　　3. 脂肪代谢与氨基酸代谢的联系 　　蛋白质可以变为脂肪，各种氨基酸经代谢都可生成乙酰 CoA，由乙酰 CoA 可合成脂肪酸和胆固醇，脂肪酸可进一步合成脂肪 　　脂肪绝大部分不能变为氨基酸：脂肪分解成为甘油、脂肪酸，甘油可转化为糖代谢中间产物，再转化为非必需氨基酸，脂肪酸分解成乙酰 CoA，不能转变为糖，也不能转化为非必需氨基酸。脂肪分解产生甘油与大量乙酰 CoA，但相比含量太少，所以脂肪也大部分不能变为氨基酸。综上，食物中的蛋白质不能为糖、脂代替，蛋白质却可代替糖、脂 　　4. 核酸代谢与氨基酸代谢的联系 　　通过实例说明氨基酸是核酸合成的重要原料，如嘌呤合成需要甘氨酸、天冬氨酸及氨基酸代谢产生的一碳单位等。合成核苷酸所需的核糖由葡萄糖代谢的磷酸戊糖途径提供
教学评价与教学检测	**题目 1：论述体内物质代谢的特点** 　　解题思路：①整体性，体内各种物质代谢相互联系、相互转变，构成统一整体。②代谢在精细的调节下进行。③各组织器官物质代谢各具特色，如肝是物质代谢的枢纽，常进行一些特异反应。④各种代谢物均有各自共同的代谢池，代谢存在动态平衡。⑤ATP 是共同能量形式。⑥NADPH 是合成代谢所需但分解代谢常以 NAD 为辅酶

教学评价与 教学检测	检查学生对体内物质代谢知识的掌握与理解，培养学生分析问题的能力 **题目 2**：简述乙酰 CoA 的来源与去路 　　**解题思路**：乙酰 CoA 的来源有：①糖的有氧氧化（葡萄糖—丙酮酸—乙酰 CoA）；②脂肪酸的 β 氧化（脂肪酸—脂酰 CoA—乙酰 CoA）；③某些氨基酸的分解代谢；④酮体的氧化分解（β-羟基丁酸—乙酰乙酸—乙酰 CoA）。乙酰 CoA 的去路有：①进入三羧酸循环被彻底氧化；②在肝脏合成酮体；③合成脂肪酸和胆固醇；④参与乙酰化反应 　　检查学生对乙酰 CoA 的来源与去路的理解与掌握，培养学生系统掌握知识的能力和科学分析问题的思维，形成正确的知识体系
学术拓展	**1. 代表性生物化学研究工作 1**：周秋香，余晓斌，涂国全，等. 2013. 代谢组学研究进展及其应用. 生物技术通报，1：59-53 　　其综述了代谢组学的发展和应用 **2. 代表性生物化学研究工作 2**：李济宾，张晋昕. 2010. 代谢综合征的研究进展. 中国健康教育，26（7）：528-532 　　其综述了代谢综合征的研究进展 **3. 代表性生物化学研究工作 3**：Finkelstein J，Gray N，Heemels MT，et al. 2011. Metabolism and Disease. New York：Cold Spring Harbor Laboratory Press：31-40. 　　其详细介绍了人体中物质代谢与疾病的关系，并且包含内容较为全面 **4. 代表性生物化学研究工作 4**：Shurubor YI，D'Aurelio M，Clark-Matott J，et al. 2017. Determination of coenzyme A and acetyl-coenzyme A in biological samples using HPLC with UV detection. Molecules，23：22（9） 　　其详细介绍了一种检测乙酰 CoA 的方法
主要参考文献	1. 王镜岩. 2002. 生物化学：下册. 3 版. 北京：高等教育出版社：1-22. 2. 马文丽. 2014. 生物化学. 2 版. 北京：科学出版社：191-194 3. 张丽萍，杨建雄. 2015. 生物化学简明教程. 5 版. 北京：高等教育出版社：341-351

学时二十六　真核生物末端的复制问题

课时来源	第八章　遗传信息传递的中心法则
教学内容	1. 原核生物 DNA 生物合成 　1.1　复制起始：DNA 解链形成引发体 　1.2　复制延长：领头链连续复制，随从链不连续复制 　1.3　复制终止：切除引物、填补空缺和连接切口 2. 真核生物 DNA 生物合成 　2.1　真核生物复制起始与原核基本相似 　2.2　真核生物复制的延长发生 DNA 聚合酶转换 　2.3　端粒与端粒酶
教学目的	1. 掌握原核生物 DNA 复制的过程 2. 掌握真核生物 DNA 复制的过程
设计思想	本节课是第八章遗传信息传递的中心法则第一节的内容，教学大纲把 DNA 生物合成的教学目标设为掌握层次，即要求学生对 DNA 生物合成这一内容能有较深刻的认识，并能综合、灵活地运用所学知识解决实际问题 　　在第二章核酸生物化学中，学生已经掌握了 DNA 复制相关的基本知识，在此基础上，本节课将要从分子水平来探讨复制的本质，属于肉眼看不到的抽象知识 　　本节课的教学主要围绕以下两点：一是掌握原核生物 DNA 复制过程中的多酶体系，了解复制起始、延伸和终止过程中涉及的蛋白酶复合体。二是展示真核生物复制终止过程中端粒酶（telomerase）的研究前沿，通过科学的教学设计引起学生的学习兴趣，培养学生积极学习的态度 　　在实施整合式生物化学教学过程中，**教师通过案例 1**（掌握原核生物 DNA 复制过程中多酶体系），在分析讨论的基础上归纳出要掌握的生物化学知识要点。**通过案例 2**（真核生物复制终止过程中端粒酶的研究前沿），阐明端粒酶参与解决染色体末端复制的问题。引出问题：**解决了"端粒/端粒酶问题"，人就可以长生吗？**激发学生的学习兴趣

教学重点	基本知识点 1：参与原核生物 DNA 复制的酶和蛋白质 基本知识点 2：真核生物端粒酶参与解决染色体末端的保护机制
教学难点	**1. 案例分析中涉及的具有代表性的研究工作：原核生物 DNA 复制的酶和蛋白质** 　**难点说明**：由于本节内容是分子水平的抽象知识，学生没有任何感性经验，特别是 DNA 生物合成过程的起始、延长阶段，学生不易理解，因此将 DNA 生物合成过程的延长阶段作为教学的难点 　**解决方法**：采用类比和归纳法。DNA 生物合成过程由多种酶与蛋白因子参与，这些蛋白因子参与解链及母链的延伸。从原核生物 DNA 复制过程中关键酶入手加深 DNA 复制过程的理解和掌握 **2. 案例分析中涉及的代表性的研究工作：真核生物体内端粒和端粒酶** 　**难点说明**：真核生物端粒和端粒酶是学术前沿与研究热点，内容较难理解，因此是课程重点 　**解决方法**：采用案例导入和问题启发教学法。讲述"端粒和端粒酶是如何保护染色体的"获得了 2009 年的诺贝尔生理学或医学奖的事件
教学进程与 方法手段	**教学进程 1**：利用**类比和归纳法**重点介绍基础知识点，即**原核生物 DNA 复制的酶和蛋白质** **课程导入**：原核生物 DNA 复制的关键是酶的参与，介绍酶的分类 **课程讲授**： 　首先，利用图片展示，分别指出分子水平上原核生物 DNA 复制的 3 个层次（复制的起始、延伸和终止）中关键的作用因子 　其次，以图示和动画结合的形式介绍原核 DNA 复制的过程 　最后，结合图示介绍原核生物 DNA 复制过程中的关键酶：DNA 聚合酶、连接酶、解旋酶、拓扑异构酶和单链结合蛋白的相关内容 **教学进程 2**：利用**案例导入和问题启发教学法**重点介绍基础知识点，即 **DNA 的生物合成中的端粒和端粒酶** **课程导入**：引用历史上"统一六国的伟大人物秦始皇寻找长生不老药"的传说，激发学生的学习兴趣，提高学生学习积极性，同时引起学生积极思考，人类能够延长寿命吗，什么物质能够延长人类的寿命呢

教学进程与方法手段	**课程讲授：** 　　首先，结合图示概述端粒的结构与功能。分 3 个方面进行讲述：第一，端粒的基本结构。用示意图进行展示，同时介绍端粒的结构特点和序列特征。第二，端粒的功能。利用端粒的结构特征说明端粒的两个重要功能。第三，强调端粒长短与细胞生命历程密切相关，随着细胞分裂的进行，分裂次数越多，端粒的长度变得越来越短 　　其次，结合动画进行端粒酶的基本结构与功能的讲述。分两部分进行说明：第一，讲解端粒酶的基本结构，包括端粒酶RNA、端粒酶协同蛋白质、端粒酶、逆转录酶，并分别介绍特征与功能；第二，讲解端粒酶的作用机制，用图解和动画的形式说明端粒酶的爬行模型，动画演示更加形象明了，有利于学生掌握爬行模型，在头脑中形成清晰的端粒延伸的过程 　　再次，进行端粒酶与细胞衰老的讲解。呼应导入中引入的思考问题，说明端粒酶与细胞衰老的关系。同时，用"端粒酶的活化逆转未老先衰实验鼠衰老"的研究成果，进一步强调说明端粒酶的作用，利用研究成果，突出了讲解知识的科学性，易于使学生信服 　　最后，通过介绍关于端粒与端粒酶的研究成果，进行课堂小结，突出端粒酶的作用机制，巩固学生对知识理解和掌握
教学评价与教学检测	**题目 1：以大肠杆菌为例介绍原核生物 DNA 复制的过程** 　　**解题思路：**①DNA 双螺旋的解旋。DNA 在复制时，其双链首先解开，形成复制叉，而复制叉的形成则是由多种蛋白质及酶参与的较复杂的复制过程。单链 DNA 结合蛋白（single-stranded DNA binding protein，ssbDNA 蛋白）和 DNA 解链酶（DNA helicase）等多酶体系同时参与解开双链 DNA。②冈崎片段与半不连续复制。由于 DNA 的两条链是反向平行的，因此无法解释 DNA 的两条链同时进行复制的问题。研究证明，前导链的连续复制和滞后链的不连续复制在生物界具有普遍性，故称为 DNA 双螺旋的半不连续复制。③复制的引发和终止。经大量实验研究证明，DNA 复制时，往往先由 RNA 聚合酶在 DNA 模板上合成一段 RNA 引物，再由聚合酶从 RNA 引物 3′端开始合成新的 DNA 链 　　**检查学生对原核生物 DNA 复制的过程知识的理解和掌握，培养学生分析问题的能力，形成系统的知识结构**

教学评价与 教学检测	**题目 2：解决了"端粒/端粒酶问题"，人就可以长生吗** 　　解题思路：首先，明确端粒酶（**telomerase**）的概念。其是指在细胞中负责端粒延长的一种酶，是基本的核蛋白逆转录酶，可将端粒 DNA 加至真核细胞染色体末端。端粒在不同物种细胞中对于保持染色体稳定性和细胞活性有重要作用，端粒酶能延长缩短的端粒。**其次，了解端粒酶的假说**。衰老机制首先要明确的问题就是人为什么会死亡，只有对这个过程的机制了解得足够透彻，做到永生并非不可能。端粒酶只是对人延缓衰老的一种解释。由于正常人细胞没有端粒酶，无法修复 DNA 复制所造成的 DNA 缩短的问题，因此随着细胞复制次数的增多，DNA 短到一定程度，可能就触发了死亡机制，或者说死亡是一个渐近的过程。关于细胞衰老分子机制的主流假说之一就是端粒酶的假说。胚细胞在复制分裂的各阶段始终表达端粒酶，但是仍然衰老。而剔除端粒酶基因的小鼠尚未观测到相应的表型的变化，所以端粒时钟并不完全正确 　　**培养学生将知识联系生活，运用到现实生活中解释生活中的问题**
学术拓展	**1. 代表性生物化学研究工作 2**：Hubscher U，Maga G，Spadari S. 2002. Eukaryotic DNA polymerases. Annu Rey Biochem，71：133-163 　　其详细地总结了 10 多种真核生物聚合酶的性质和作用 **2. 代表性生物化学研究工作 3**：Gillis AJ，Schuller AP，Skordalakes E. 2008. Structure of the Tribolium castaneum telomerase catalytic subunit TERT. Nature，455（7213）：633-637 　　其是端粒酶结构组成的一份研究报告 **3. 代表性生物化学研究工作 4**：Verdun RE，Karlseder J. 2007. Replication and protection of telomeres. Nature，447（7147）：924-931 　　其是诺贝尔奖得主发表的"染色体是如何被端粒和端粒酶保护的" **4. 推荐阅读文献**：Jaskelioff M，Muller FL，Paik JH，et al. 2011. Telomerase reactivation reverses tissue degeneration in aged telomerase-deficient mice. Nature，469（7328）：102-106
主要参考文献	1. 王镜岩. 2002. 生物化学：上册. 3 版. 北京：高等教育出版社：406-437 2. 马文丽. 2014. 生物化学. 2 版. 北京：科学出版社：200-214

主要参考文献	3. 张丽萍，杨建雄. 2015. 生物化学简明教程. 5 版. 北京：高等教育出版社：277-295 4. Lewin B. 2007. Gene Ⅷ. 8th ed. New York：Worth Publishers 5. Lewin B. 2007. 基因Ⅷ（中文版）. 8 版. 余龙，江松敏，赵寿元，等译. 北京：高等教育出版社：399-573

学时二十七　真核生物的转录加工

课时来源	第八章　遗传信息传递的中心法则
教学内容	1. 真核生物 RNA 的合成 　1.1 转录起始需要启动子、RNA 聚合酶和转录因子的参与 　1.2 真核生物转录延长过程中没有转录与翻译同步的现象 　1.3 真核生物的转录终止和加尾修饰同时进行 2. 真核生物 RNA 转录产物的加工 　2.1 真核生物的转录特点 　2.2 剪接体 　2.3 真核生物 mRNA 的加工
教学目的	1. 掌握真核生物 RNA 生物合成与原核生物 RNA 生物合成的区别 2. 掌握真核生物 RNA 转录产物加工和剪接的方式
设计思想	本节课是第八章遗传信息传递的中心法则的第二节内容，教学大纲把 RNA 生物合成的教学目标设为掌握层次，本节课着重讨论原核生物和真核生物转录作用过程中的差异，通过前沿知识点"剪接体（spliceosome）"的引入激发学生的学习兴趣 　　本节课的教学主要围绕以下两点：一是掌握真核生物 RNA 生物合成与原核生物 RNA 生物合成的区别。本节的核心内容是通过观察、探究等活动明确基因转录出 RNA 的过程和原理。二是掌握真核生物 RNA 转录产物加工和剪接的方式。通过引用前沿的生物学实验结论，探究活动，使学生学会运用科学探究方法，体验探究过程，培养学生的科学态度、探索精神、创新意识、思维能力 　　讲解本知识点时，采用**归纳和概括法**介绍原核生物和真核生物 RNA 生物合成的区别。增加学生对前沿知识的了解，注重学生对知识体系的理解，构建知识的网络结构，以及对知识的拓展和提升。采用**前沿知识导入法**逐层引出各知识点，展示 RNA 转录产物加工和剪接的关键物质——剪接体。在学法设计上，让学生用探索法、发现法去建构知识

教学重点	基本知识点 1：真核生物 RNA 的生物合成与原核生物的区别 基本知识点 2：真核生物 RNA 转录剪接的方式
教学难点	**1. 案例分析中涉及的具有代表性的研究工作：真核生物 RNA 的生物合成与原核生物的区别** 　　难点说明：真核生物 RNA 的生物合成与原核生物的区别，内容信息量大，考查学生对知识的概括和总结能力，体现学生对知识的综合运用能力 　　解决方法：采用归纳和概括法。①图片展示真核生物和原核生物由 RNA 聚合酶催化的转录过程的反应式，对比讲解；②通过表格形式对比原核生物和真核生物 RNA 聚合酶Ⅰ、Ⅱ、Ⅲ的功能区别；③图片展示真核生物和原核生物基因的启动子区域序列的区别，让学生直观地认识到-35 区和-10 区的序列保守性；④通过图片和动画形式，分别介绍转录过程的 3 个阶段，即起始、延长和终止阶段；⑤通过图片和动画形式展示真核生物 mRNA 的剪接过程；⑥通过表格形式对比原核生物与真核生物不同种类 RNA 的转录后加工方式；⑦最后利用 PPT 将本章的重点进行总结、强化，并布置课后讨论题目 **2. 案例分析中涉及的代表性的研究工作：剪接体** 　　难点说明：剪接体（spliceosome）是指进行 RNA 剪接时形成的多组分复合物，主要是由小分子的核 RNA 和蛋白质组成，是近几年科学界研究的热点 　　解决方法：采用前沿知识导入法。RNA 聚合酶和核糖体的结构解析曾分别获得 2006 年和 2009 年的诺贝尔化学奖，而剪接体是一个巨大而又复杂的动态分子机器。首先，引入 RNA 剪接的概念，从而激发学生进行探究式学习的兴趣。其次，引入剪接的底物是内含子，回顾之前所学内含子的类型，构建知识的网络结构，以及对知识的拓展和提升。最后，通过引入剪接体的概念，增加学生对前沿知识的了解，总结 RNA 剪接的关键
教学进程与 方法手段	**教学进程 1：利用归纳和概括法介绍基础重点知识点，即真核生物 RNA 的生物合成** 课程导入：真核生物 RNA 的生物合成与原核生物 RNA 的区别 课程讲授： 　　首先，采用"对比"的教学策略，详细讲解原核生物和真核生物的转录过程，同时带领学生复习复制的过程

教学进程与 方法手段	其次，通过对比转录与复制过程的异同，让学生自己总结归纳，随后教师针对学生的总结做出评价。另外，通过学生自己总结的过程，教师可以得到学生对知识掌握情况的反馈，便于课后对学生的辅导 　　本环节主要采用启发式、探究式等教学方式，强化师生互动、生生互动；利用多媒体与板书相结合的教学手段，通过引导、分析、讨论、讲解和归纳总结等过程实施课堂教学 **教学进程 2**：利用分析和综合归纳法介绍基础知识点，即**真核生物 RNA 转录产物的加工** 课程导入：引入施一公教授 2015 年在 *Science* 上发表的"诺奖级"研究成果——剪接体 课程讲授： 　　首先，通过图片展示介绍真核生物 RNA 的生物合成的过程，强调真核生物 RNA 的加工是真核生物区别于原核生物的关键。明确真核生物结构基因的特点：断裂基因、内含子和外显子概念。强调真核生物 mRNA 加工的过程是切除内含子，连接外显子的剪接过程。导入真核生物 mRNA 加工中剪接体概念 　　其次，通过幻灯片展示说明剪接体的分子组成。呼应施一公团队有关剪接体的成果研究，激发学生的学习兴趣 　　再次，通过过程图介绍真核生物 RNA 的剪接作用机制。本部分包含三个方面的内容：第一，剪接的起始，另外强调 RNA 拼接的内含；第二，剪接的过程，使学生对比学习剪接与剪切的作用机理；第三，RNA 的修饰 　　最后，课堂总结。利用框架图归纳总结真核生物 RNA 的转录后加工方式
教学评价与 教学检测	**题目 1**：概述原核生物和真核生物 RNA 合成的差异 　　**解题思路**：真核生物和原核生物转录的不同点如下。①真核生物的转录在细胞核内进行，原核生物则在拟核区进行；②真核生物 mRNA 分子一般只编码一个基因，原核生物的一个 mRNA 分子通常含多个基因；③真核生物有 3 种不同的 RNA 聚合酶催化 RNA 合成，而在原核生物中只有一种 RNA 聚合酶催化所有 RNA 的合成；④真核生物的 RNA 聚合酶不能独立转录 RNA，3 种聚合酶都必须在蛋白质转录因子的协助下才能进行 RNA 的转录，其 RNA 聚合酶对转录启动子的识别也比原核生物要复杂得多，原核生物的 RNA 聚合酶可以直接起始转录合成 RNA

教学评价与 教学检测	培养学生概括知识的能力，检查学生对原核生物和真核生物 RNA 合成的掌握和理解能力 题目 2：查阅相关文献，结合课堂所学内容，展示剪接体的最新研究进展 　　解题思路：剪接体是一个巨大而又复杂的动态分子机器，其结构解析的难度被普遍认为高于 RNA 聚合酶和核糖体，是世界结构生物学公认的两大难题之一。据知，人类 35% 的遗传紊乱是由基因突变导致单个基因的可变剪接引起的。一些疾病的起因是剪接体蛋白的突变影响了许多转录本的剪接。一些癌症也与剪接因子的错误调控有关。我国科学家施一公在剪接体的研究上有了显著进展，他们的工作揭示了基因剪接的结构基础，把大部分生化数据连在一起，能够很好地解释过去的数据，也可以预测将来的实验结果，但还要继续推进这一项基础研究工作，得到一系列的结构之后才能把中心法则的基因剪接全过程描述清楚 　　培养学生时刻关心科研进展，检查学生对剪接体知识的掌握和理解
学术拓展	**1. 代表性生物化学研究工作 1**: Svelov V，Nudler E. 2011. Clamping the clamp of RNA polymerase. EMBO Journal，30：1190-1191 　　其介绍了 RNA 聚合酶的夹子结构 **2. 代表性生物化学研究工作 2**: Woychik NA，Hampsey M. 2002. The RNA polymerases II machinery：structure illuminates function. Cell，108：453-463 　　其介绍了真核生物 RNA 聚合酶 II 的结构和功能 **3. 代表性生物化学研究工作 3**: Jensen TH，Dower K，Libri O，et al. 2003. Early formation of mRNP：license for export or quality conrol. Mol Cell，1：1129-1138 　　其很好地总结了真核生物 mRNA 加工和转运相偶联的状况 **4. 推荐阅读文献**: Hang J，Wan R，Yan C，et al. 2015. Structural basis of pre-mRNA splicing. Science，349（628）：1191-1198 　　施一公团队在《科学》杂志上发表的 RNA 剪接体的文章
主要参考文献	1. 王镜岩. 2002. 生物化学：上册. 3 版. 北京：高等教育出版社：455-503

主要参考文献	2. 马文丽. 2014. 生物化学. 2 版. 北京：科学出版社：219-230 3. 张丽萍，杨建雄. 2015. 生物化学简明教程. 5 版. 北京：高等教育出版社：301-319 4. Lewin B. 2007. Gene Ⅷ. 8th ed. New York：Worth Publishers 5. Lewin B. 2007. 基因Ⅷ（中文版）. 8 版. 余龙，江松敏，赵寿元，等译. 北京：高等教育出版社：611-839

学时二十八　原核生物转录终止机制教学设计

课时来源	第八章　遗传信息传递的中心法则
教学内容	1. 转录的定义，起始、延伸 2. 转录的终止机制
教学目的	1. 掌握转录的定义，起始、延伸 2. 掌握转录的终止机制
设计思想	本节的核心内容是转录的终止机制。开门见山地说明本节课将要学习的内容，转录的定义，起始、延伸及转录的终止机制。回顾转录的定义，转录是指生物体以 DNA 分子中一条链的部分片段为模板，按照碱基配对的原则，按 5′→3′的方向合成出一条与模板 DNA 链互补的 RNA 分子的过程。在这个过程中，首先是 RNA 聚合酶全酶沿 DNA 链滑动，在全酶中的 σ 因子识别转录的起始区域之后，RNA 聚合酶便准确地结合在转录模板的起始区域，此时 DNA 双链解开，形成转录鼓泡，转录起始。那么转录一旦起始，RNA 聚合酶全酶中的 σ 因子即与核心酶解离，核心酶继续沿 DNA 模板链移动，RNA 链不断延伸，直至转录完成而终止。接着通过提出疑问，即什么是转录的终止，引出转录的终止。它是指 RNA 聚合酶在模板上的某一位置停顿，RNA 链从转录复合物上脱离出来的过程。继续提问，这个转录的过程是如何终止的呢？激发学生的好奇心和求知欲，进行详细介绍。其实，它同 DNA 复制过程的终止过程相似，同样首先需要一段称为终止子的序列，而这个所谓的终止子是指提供转录终止信号的 DNA 序列，终止子是实现转录终止所必需的，另外有的转录终止还需要辅助因子来辅助完成转录终止的过程。目前研究发现，在大肠杆菌中存在两类终止子，因此它就有两种不同的转录终止机制。原核生物 RNA 转录终止的机制包括：①不依赖 Rho（ρ）因子的转录终止；②依赖 Rho 因子的转录终止 　　在学法设计上，让学生自主学习、合作学习。了解并掌握转录的终止机制及 ρ 因子终止转录的作用

教学重点	基本知识点 1：转录的定义，起始、延伸 基本知识点 2：转录的终止机制
教学难点	**难点说明**：转录的终止机制具有一定的微观性，内容较为抽象，因此学生理解起来比较困难 **解决方法**：利用示意图详细讲解转录的终止机制，将抽象的问题具体化、形象化。目前研究发现，在大肠杆菌中存在两类终止子，因此它就有两种不同的转录终止机制 　　第一类终止子，也称为内源性终止子，这类终止子的结构中有两个重要的特点。第一个特点是存在一段回文序列，回文序列是一段方向相反、碱基互补的序列，这段回文序列为 7～20bp，它通常含有一个富含 AT 的区域或者一个或多个富含 GC 的区域，当这段序列被转录出 RNA 后，RNA 产物能形成类似发夹的茎环结构；第二个特点是在回文序列的下游，也就是转录单位的最末端，有连续 6～8 个 A 组成，这段序列被转录成一串的 U 序列，位于茎环结构的下游，这段特殊的序列一般位于终止位点序列之前。在大肠杆菌基因组中，符合这些标准的序列约有 1100 个
教学进程与方法手段	**课程导入**：开门见山地说明本节课将要学习的内容，转录的定义，起始、延伸及转录的终止机制 **采用直观讲解的方式对转录的终止机制进行陈述：** 　　目前研究发现，在大肠杆菌中存在两类终止子，因此它就有两种不同的转录终止机制 　　第一类终止子，也称为内源性终止子，这类终止子的结构中有两个重要的特点。第一个特点是存在一段回文结构，回文序列是一段方向相反、碱基互补的序列，这段回文序列长度为 7～20bp，它通常含有一个富含 AT 的区域或者一个或多个富含 GC 区域，当这段序列被转录出 RNA 后，RNA 产物能形成类似发夹的茎环结构；第二个特点是在回文序列的下游，也就是转录单位的最末端，有连续 6～8 个 A 组成，这段序列被转录成一串的 U 序列，位于茎环结构的下游。这段特殊的序列一般位于终止位点序列之前。在大肠杆菌基因组中，符合这些标准的序列约有 1100 个 　　那么当 RNA 聚合酶转录出这种 DNA 终止子时，被转录出的单链 RNA 便形成一种强劲的茎环结构。这种茎环结构与正在转录的 RNA 聚合酶互作，使 RNA 聚合酶变构，使酶不再向下移动，实现转录停顿

教学进程与方法手段	转录复合物和局部存在的 DNA-RNA 杂化双链由于 RNA 自身的局部双链（茎环结构）和 DNA 部分分子回复双螺旋而变短，这两种因素的影响下，杂化双链变得不稳定，转录复合物趋于解体。 　　在 DNA-RNA 杂化双链的末端，DNA 模板是一串寡聚 A，与此对应的是 RNA 中一串 U，A—U 配对使得杂化双链的作用力较弱，加之上述两种因素的存在，最终导致转录复合物趋于解体，RNA 产物释放，转录终止 　　这种转录终止的机制就是不依赖 ρ 因子的转录终止机制。 　　在大肠杆菌中，另外一种终止子，拥有与上述终止子共同的序列特征，都存在一段回文结构，但有所不同的是，这段回文结构不富含 GC 区，回文结构之后也无寡聚 U，显然这段结构所形成的茎环结构，既没有强劲的茎，也没强的终止信号，不足以使 RNA 聚合酶停顿和转录复合物的解体，所以它需要一种辅助因子 ρ 因子的协助。因此，这种转录终止的机制称为依赖 ρ 因子的转录终止机制
教学评价与教学检测	ρ 因子终止转录的作用是：与 RNA 转录产物结合，结合后 ρ 因子和 RNA 聚合酶都发生构象变化，从而使 RNA 聚合酶暂时停顿，解旋酶的活性使 DNA-RNA 杂交链解开，利于产物从复合物中释放
学术拓展	**代表性生物化学研究工作**：Liu F，Bakht S，Dean C. 2012. Cotranscriptional role for arabidopsis DICER-LIKE 4 in transcription termination. Science，335（6076）：1621-1623 　　英研究人员证实 DICER 蛋白新作用——解救错误转录终止
主要参考文献	1. 王镜岩. 2002. 生物化学：上册. 3 版. 北京：高等教育出版社：455-503 2. 马文丽. 2014. 生物化学. 2 版. 北京：科学出版社：219-230 3. 张丽萍，杨建雄. 2016. 生物化学简明教程. 5 版. 北京：高等教育出版社：301-319 4. Lewin B. 2007. Gene Ⅷ. 8th ed. New York：Worth Publishers 5. Lewin B. 2007. 基因Ⅷ（中文版）. 8 版. 余龙，江松敏，赵寿元，等译. 北京：高等教育出版社：611-839

学时二十九　核糖体的结构和功能

课时来源	第一章　蛋白质生物化学
教学内容	1. 介绍通过研究核糖体获得诺贝尔奖的主要获奖人及其研究历程 2. 核糖体的定义 3. 核糖体的结构及真核生物与原核生物核糖体的区别 4. 核糖体的活性部位 5. 核糖体的功能及在抗生素中的应用机理
教学目的	1. 对核糖体发现过程有基本的了解及学习科学家对科学探究的精神 2. 对核糖体晶体研究中的两大难题有基本了解 3. 掌握核糖体的定义及结构 4. 掌握核糖体功能及抗生素中的应用机理
设计思想	核糖体为什么可以成为新宠，从而使研究它们的科学家获诺贝尔奖呢？核糖体是细胞内一种核糖核蛋白颗粒，主要由RNA（rRNA）和蛋白质构成，其唯一功能是按照mRNA的指令将氨基酸合成蛋白质多肽链，因此，核糖体是细胞内蛋白质合成的分子机器。有些抗生素，如链霉素、氯霉素、红霉素等对原核生物与真核生物的敏感性不同，能直接抑制细菌核糖体上蛋白质的合成作用。有的在起始阶段抑制，有的抑制肽链延长和终止，有的阻止小亚基与mRNA的起始结合。四环素抑制氨基酰-tRNA的结合和终止；氯霉素抑制转肽酶，阻止肽链形成；红霉素抑制转位酶，使其不能相应移位进入新位点。因此，抗生素的抗菌作用就是干扰了细菌蛋白的合成而抑制细菌生长，在杀菌抑菌方面起了巨大的作用 　　以诺贝尔奖导入—核糖体的定义—结构—活性部位—功能—在抗生素中的应用机理为主线，将核糖体的结构和功能剖析清楚

设计思想	本节课的核心内容是通过观察、探究等活动明确核糖体的基本结构及在抗生素中的应用机制。首先以 2009 年诺贝尔化学奖为背景，利用导入、归纳和概括法逐层引出各知识点，引入核糖体在杀菌抑菌方面的学术前沿知识。讲解本知识点时，采用归纳和概括法。在介绍核糖体的基本结构及在抗生素中的应用机制时，培养学生对前沿知识的展示能力，注重学生对知识体系的理解，构建知识的网络结构，以及对知识的拓展和提升。在学法设计上，让学生用探索法、发现法去建构知识，了解核糖体的定义、基本结构及核糖体功能在抗生素中的应用机理，激发学生学习兴趣。在课程设计上，通过核糖体结构相关基本理论的掌握，让学生结合 1～2 个精品案例进行生动说明，体现高级生物化学课程的实用性、科学性、前沿性和趣味性 　　要达到这一目标，重要的是简明扼要、清楚准确、深入浅出地介绍蛋白质生物化学研究策略和方法，将所学的知识进行尽可能多的整合，培养学生整体思维和解决实际问题的能力。更重要的是，选择与生活实际联系的有代表性的精品案例，既充满趣味和科学性，又充分体现生物化学的研究策略和研究方法
教学重点	基本知识点 1：核糖体晶体中的两大难题及诺贝尔奖科学家的解决方案 基本知识点 2：核糖体的结构及真核生物与原核生物核糖体的区别 基本知识点 3：核糖体的功能及在抗生素中的应用机理
教学难点	**1. 对 X 射线晶体学技术进行基本的了解** 　　**难点说明**：主要讲述 X 射线晶体学技术的原理及在生物学中的应用，内容较为复杂难懂，学生之前对此并无了解，因此理解起来比较困难 　　**解决方法**：采用直观教学法。利用图片直观展示 X 射线晶体学技术的基本图示构造，对它的主要机理进行讲述 **2. X 射线晶体学技术分析核糖体时出现的"相位问题"** 　　**难点说明**：主要讲述相位问题的由来及其复杂性，学生之前对此没有过多的了解，并且此部分内容较晦涩难懂，因此在讲课过程中是主要教学难点

	解决方法：对 X 射线晶体学技术的成像原理进行图示分析，将相位问题回归到成像原理进行分析
教学难点	**3. 核糖体的结构及真核生物与原核生物核糖体的区别** 　　**难点说明**：主要讲述核糖体结构及真核生物与原核生物核糖体的区别，内容较为抽象，学生理解起来比较困难 　　**解决方法**：采用直观教学法。利用图片直观展示核糖体结构，利用图表分类展示真核生物与原核生物核糖体的区别 **4. 核糖体的功能及在抗生素中的应用机理** 　　**难点说明**：抗生素应用机理的相关内容比较抽象且晦涩难懂，因此学生难以理解 　　**解决方法**：利用动画演示层层深入，加深学生对抗生素机理的理解和记忆，消除学习机理的枯燥，活跃课堂气氛，对激发学生的学习热情具有积极作用 **5. 核糖体 RNA 的分类及其各自的功能** 　　**难点说明**：核糖体 RNA 分为 5S rRNA、23S rRNA、16S rRNA、5.8S rRNA、28S rRNA、18S rRNA，分类不同，各自的功能也不同 　　**解决方法**：采用分析和归纳法。逐个分析核糖体 RNA 的各种类型的特点及其保守序列，以及核糖体 RNA 在核糖体和蛋白质合成中的功能 **6. 核糖体的三维结构** 　　**难点说明**：观看原核生物 70S 核糖体大、小亚基相结合的模型，核糖体分子可容纳两个 tRNA 和约 40bp 长的 mRNA 　　**解决方法**：利用图片展示核糖体三维结构示意图，清晰明了地让学生理解在原子水平上核糖体合成蛋白质的生化机制，明确翻译起始、肽链延伸及翻译终止的过程
教学进程与 方法手段	**教学进程 1**：整个教学以"3-2-3"的形式进行教学分段，第一个"**3**"是指对 **3** 名获得诺贝尔奖的科学家进行简单介绍，"**2**"是指在晶体学研究中出现的两大难题，第二个"**3**"是指 **3** 名科学家做出的主要贡献 **课程导入**：以 2009 年诺贝尔化学奖为背景导入，借此引出本节课的主要内容，即核糖体晶体的研究历程。那么，这个过程究竟是怎样的呢 **课程讲授**： 　　首先，引出本节课的主要讲课框架，即"3-2-3"

	其次，对 3 名获得诺贝尔奖的科学家进行简单介绍，并对他们的研究成果进行分析，即第一个"3"；然后对 X 射线晶体学技术进行图示分析及介绍，通过技术引出研究中的主要两大困难——核糖体晶体的获得和相位问题，这便是"2"；最后对 3 名科学家所做出的主要贡献突破进行展示和方法分析：①Yonath 在核糖体结晶探险中主要突破；②Steitz 解决"相位问题"；③Ramakrishnan 的"分子尺子"，这就是最后的"3" 　　在教学策略上，本节课以"3-2-3"的教学框架进行，重点在于对核糖体晶体研究中的两个难题——晶体的获得和相位问题进行讲解 **教学进程 2**：重点介绍基础知识点，即**核糖体由大小两个亚基组成、核糖体蛋白、核糖体 rRNA、核糖体有 3 个 tRNA 的结合位点** **课程导入**：核糖体是指导蛋白质合成的大分子机器，生物细胞内核糖体就像一个能沿着 mRNA 移动的工厂，执行着蛋白质合成的功能。那么，究竟是什么样的结构才能使它有如此重要的功能呢 **课程讲授**： 　　首先，展示核糖体有大小两个亚基组成的图片，从分子组成总结核糖体是一个致密的核糖核蛋白颗粒，可解离为两个亚基，每个亚基都含有一个相对分子质量较大的 rRNA 和许多不同的蛋白质分子 　　其次，通过核糖体蛋白的催化功能、调控功能和原核生物核糖体蛋白的三维结构来详细说明组成核糖体的核糖体蛋白 　　在教学策略上，本节课主要强调核糖体由大小两个亚基组成且每个亚基又有 rRNA 和蛋白质两部分组成 **教学进程 3**：依次介绍核糖体 rRNA 的分类、结构和功能，来详细说明组成核糖体的 rRNA，介绍核糖体有 3 个 tRNA 的结合位点，即 A 位点、P 位点和 E 位点，突出结构与功能之间的相互关系。体现生物化学的贯穿性思维，加深学生的知识层次 **课程导入**：以核糖体 rRNA 总分类导入新课，突出结构与功能之间的相互关系，激发学生兴趣 **课程讲授**： 　　在方法手段上，根据之前课程所学内容归纳核糖体的基本组成单位和成分，逐个分析组成核糖体 rRNA 各成分的结构及与核糖体功能之间的相互联系
教学进程与方法手段	

	首先，通过图示展示，讲授原核生物核糖体的三维结构，让学生掌握核糖体在蛋白质合成中 mRNA 的结合部分，主要在大小亚基中间的空洞部分
	其次，通过幻灯片展示组成核糖体亚基的几个重要的 rRNA，分别为 5S rRNA、16S rRNA、5.8S rRNA、23S rRNA。重点介绍各种 rRNA 的结构和功能，并且将其与核糖体的功能相互联系起来。rRNA 不仅是核糖体的基本组成部分，也是核糖体发挥功能的主要部分。紧接着介绍核糖体有 3 个 tRNA 的结合位点，即 A 位点、P 位点和 E 位点，并强调 tRNA 的移动顺序是从 A 位点到 P 位点，再到 E 位点，通过密码子与反密码子之间的相互作用，保证反应正向进行而不会倒转
教学进程与 方法手段	最后，以知识结构图形式对本节课所讲授内容加以总结，得出结构与功能相适应的特点，使学生对本节课的内容掌握得更加透彻、清晰
	教学进程 4：核糖体的结构和功能
	课程导入：以 2009 年诺贝尔化学奖为背景导入
	课程讲授：
	首先，通过对 2009 年 3 位获得诺贝尔化学奖的科学家贡献上的介绍，让大家对核糖体的结构和功能有初步的了解，为后面介绍核糖体功能在抗生素中的应用机理做铺垫，又能引起大家的兴趣
	其次，对核糖体的定义做简单的介绍，让学生知道什么是核糖体。核糖体是细胞内一种主要由 RNA（rRNA）和蛋白质构成，其唯一功能是按照 mRNA 的指令将氨基酸合成蛋白质多肽链，所以核糖体是细胞内蛋白质合成的分子机器
	再次，根据结构是功能的基础，通过分析核糖体结构，以及总结真核生物原核生物核糖体的区别，了解与核糖体功能相关的活性部位。利用直观教学法，用图片直观展示核糖体结构，利用图表分类展示真核生物与原核生物核糖体的区别。采用归纳和概括法，介绍核糖体相关活性部位，让大家从结构上认识核糖体
	最后，在了解了核糖体结构之后，自然而然地引出核糖体在抗生素杀菌抑菌方面的应用及以红霉素为例利用动画演示，层层深入，加深学生对抗生素机理的理解和记忆，消除学习机理的枯燥，活跃课堂气氛，对激发学生的学习热情具有积极作用。

教学进程与 方法手段	在介绍核糖体的基本结构及抗生素的作用机制中，培养学生对前沿知识的展示能力，注重学生对知识体系的理解，构建知识的网络结构，以及对知识的拓展和提升
学术拓展	**1. 代表性生物化学研究工作 1**：Yonath A，Mussig J，Tesche B，et al. 1980. Crystallization of the large ribosomal subunits from Bacillus stearothermophilus. Biochem Int，1：428435 　　其详细介绍了核糖体亚基的结构 **2. 代表性研究工作 2**：Franceschi F，Duffy EM. 2006. Structure-based drug design meets the ribosome. Biochemical Pharmacology，71：1016-1025 　　其介绍了一种与核糖体相结合的药物设计方法 **3. 推荐阅读文献**：Xie XS，Yu J，Yang WY. 2006. Living cells as test tubes. Science，312：228-230
主要参考文献	1. 王镜岩. 2002. 生物化学：下册. 3 版. 北京：高等教育出版社：517-537 2. 查锡良. 2007. 生物化学. 7 版. 北京：人民卫生出版社 3. 张丽萍，杨建雄. 2015. 生物化学简明教程. 5 版. 北京：高等教育出版社 4. 刘望夷. 1991. 核糖体 RNA 的生物功能. 自我剪接与自我复制. 生物化学与生物物理进展，18（1）：1-5 5. 苏晓东，Liljas A. 2009. 核糖体晶体结构的研究历程——2009 年度诺贝尔化学奖成果介绍. 科技导报，27（24）：23-28

学时三十　肽链的生物合成

课时来源	第八章　遗传信息传递的中心法则
教学内容	1. 蛋白质生物合成体系 2. 氨基酸的活化 3. 肽链的生物合成过程 　3.1 肽链合成的起始 　3.2 肽链合成的延长 　3.3 肽链合成的终止 4. 蛋白质翻译后修饰和靶向运输
教学目的	1. 掌握肽链的生物合成过程 2. 蛋白质翻译后修饰和靶向运输
设计思想	本节课是第八章遗传信息传递的中心法则第三节的内容，教学大纲把蛋白质生物合成的教学目标设为掌握层次，即要求学生对 RNA 生物合成这一内容能有较深刻的认识，并能综合、灵活地运用所学的知识解决实际问题 　　在教学指导思想上，以学生为中心，在整个教学过程中教师担任组织者、指导者、帮助者和促进者的角色，利用情境、协作、会话等学习环境，充分发挥学生的主动性、积极性和首创精神，最终达到使学生有效实现对当前所学知识意义建构的目的。在教学方法的设计上，本节课主要采用支架式的建构主义的教学方法，充分结合教材特点和学生实际，根据本节课的知识特点，在教师情境创设的引导下，引导学生思考和分析问题，增强学生学习的兴趣和自信心，并让学生掌握肽链合成的一般步骤和培养其科学精神 　　本节课的教学主要围绕以下两点：一是掌握肽链的生物合成过程。本节的核心内容是通过观察、探究等活动明确肽链合成的过程和原理。利用课本插图和课件，培养和发展学生的读图能力，培养学生对信息的处理能力，培养学生全面掌控知识的能力。二是掌握核糖体结构与功能的前沿热点。通过引用前沿的生物学实验结论，探究活动，使学生学会运用科学探究方法，体验探究过程，培养学生的科学态度、探索精神、创新意识和思维能力

教学重点	基本知识点 1：肽链的生物合成过程 基本知识点 2：蛋白质翻译的研究热点
教学难点	**1. 案例分析中涉及的具有代表性的研究工作：肽链的生物合成过程** 　　**难点说明**：生物体内蛋白质合成过程和转运一直是科学家研究的难点和重点，肽链的合成过程是本节课授课的重点 　　**解决方法**：采用问题启发教学法。在学生已有的蛋白质生物合成的基础上，分组安排问题，学生分组讨论肽链合成起始、延伸和终止的 3 个过程，在整个教学过程中教师担任组织者、指导者、帮助者和促进者的角色，利用情境、协作、会话等学习环境，充分发挥学生的主动性、积极性和首创精神，最终达到使学生有效地实现对当前所学知识意义建构的目的 **2. 案例分析中涉及的代表性的研究工作：蛋白质生物合成（protein biosynthesis）的研究热点** 　　**难点说明**：蛋白质合成过程中核糖体的结构和功能的研究是目前学术前沿内容，同时也是本节课的授课重点 　　**解决方法**：案例教学法和启发教学法相结合。从 2009 年诺贝尔化学奖得主的研究结论入手，激发学生学习的兴趣，调动学生的学习积极性，活跃课堂氛围。根据本节课的知识特点，先建立知识框架，在教师情境创设的引导下，引导学生思考和分析问题
教学进程与 方法手段	**教学进程 1**：利用问题启发教学法介绍基础知识点，即蛋白质的生物合成 **课程导入**：原核生物 DNA 复制关键是酶的参与，进而介绍酶的分类 **课程讲授**： 　　首先，通过创设问题情境、演示图片和动画，引导学生参与探究转录、翻译过程等活动，充分激发学生兴趣，体现学生学习的主体性，提高学生独立思考、分析、观察和归纳能力 　　其次，通过前沿知识点的概括总结，提升学生学习的深度和广度 　　本环节旨在通过收集交流有关肽链合成关键因子的素材、课件，引导学生模拟肽链合成的过程，锻炼学生处理信息、语言表达及比较、分析、想象等贯穿性思维能力 **教学进程 2**：利用案例教学法和启发教学法相结合介绍基础知识点，即肽链的生物合成过程

教学进程与 方法手段	课程导入：通过介绍蛋白质生物合成过程中所需要的原料、模板、运载工具、合成场所及有关的蛋白因子，引起学生对肽链合成过程的兴趣与对此过程的想象，开始新课题的讲解 课程讲授： 　　首先，创设情境，利用图示讲解肽链合成的起始，强调氨基酰-tRNA 的结构与作用及起始密码子的确定与精确定位 　　其次，以图示和动画相结合的方式讲解肽链的延长，强调肽链延长是在核蛋白体上连续循环式进行，又称为核蛋白体循环（ribosomal cycle），包括三步：①进位（positioning）/注册（registration）；②成肽（peptide bond formation）；③转位（translocation）。针对延长过程中的三步，分别进行说明，形象具体，清晰明了，便于学生掌握，使学生在头脑中形成连续的过程，做到真正地理解 　　再次，用清晰明了的示意图进行说明，讲解肽链合成的终止 　　最后，知识拓展与小结。在小结中，利用蛋白质合成的过程图，帮助学生巩固本节课的重点知识，启发学生讨论、思考问题，引导学生探究、归纳基因控制蛋白质的过程和原理
教学评价与 教学检测	题目 1：简述真核生物和原核生物在肽链合成上的区别 　　解题思路：①原核生物翻译与转录是偶联的，而真核生物不存在这种偶联关系；②原核生物的起始 tRNA 经历甲酰化反应，形成甲酰甲硫氨酰-tRNA，真核生物则没有这一步；③两者采取完全不同的机制识别起始密码子，原核生物依赖于 SD 序列，真核生物依赖于帽子结构；④原核生物的 mRNA 与核糖体小亚基的结合先于起始 tRNA 与小亚基的结合，而真核生物的起始 tRNA 与小亚基的结合先于 mRNA 与核糖体小亚基的结合；⑤参与真核生物蛋白质合成阶段的起始因子比原核生物复杂，释放因子则相对简单；⑥对抑制剂敏感性不同，如亚胺环己酮只作用于 80S 核糖体，只抑制真核生物的翻译，白喉毒素与 EF-2 结合，抑制肽链移位；⑦蛋白质激酶参与真核生物蛋白质合成的调节 　　该题目的设置在于检查学生对基本知识的掌握情况，进一步梳理知识框架，并能使学生举一反三，灵活运用知识解决现实生活的问题 题目 2：2009 年诺贝尔化学奖奖励给对核糖体结构和功能的研究，简述本成果的内容

教学评价与 教学检测	**解题思路**：核糖体将 DNA 信息"翻译"成蛋白质。核糖体制造蛋白质，调控着所有活有机体内的生物化学反应。因为核糖体对于生命至关重要，所以它们也是新抗生素的一个主要靶标。2009 年获得诺贝尔化学奖的 3 位科学家在原子水平上显示了核糖体的形态和功能，利用 X 射线结晶学技术标出了构成核糖体的无数个原子所在的位置。理解核糖体最基本的工作方式对于科学地理解生命是重要的，这一知识可被直接应用于实践，如目前许多抗生素通过阻滞细菌核糖体的功能而治愈多种疾病。3 位获奖者均制造了核糖体功能的 3D 模型，展示了不同的抗生素如何绑定到核糖体。这些模型如今被科学家用来开发新的抗生素，对挽救生命及减少人类的痛苦带来很大的帮助 　　该题目的设置在于通过前沿生物技术和模型的展示来激发学生对生物知识的兴趣，培养学生勇于探索、敢于钻研的科研精神
学术拓展	**1. 代表性生物化学研究工作 1**：Ban N，Nissen P，Hansen J，et al. 2000. The complete atomic structure of the large ribosomal subunit at 2.4 A resolution. Science，289：905-920 　　其阐述了蛋白质核糖体亚基的作用机理 **2. 代表性生物化学研究工作 2**：Draper DE. 1995. Protein-RNA recognition. Annual Review of Biochemietry，64：593-620 　　其阐述了蛋白质合成的详细过程 **3. 代表性生物化学研究工作 3**：Garrett R. 2006. Mechanics of the ribosome. Nature，400：811-812 　　其阐述了核糖体的作用机理 **4. 推荐阅读文献**：Cech TR. 2001. The ribosome is a ribozyme. Science，289：878-879 　　其阐述了核糖体具有核酶的功能
主要参考文献	1. 王镜岩. 2002. 生物化学：上册. 3 版. 北京：高等教育出版社：517-537 2. 马文丽. 2014. 生物化学. 2 版. 北京：科学出版社：231-247 3. 张丽萍，杨建雄. 2015. 生物化学简明教程. 5 版. 北京：高等教育出版社：322-338 4. Lewin B. 2007. Gene Ⅷ. 8th ed. New York：Worth Publishers 5. Lewin B. 2007. 基因Ⅷ（中文版）. 8 版. 余龙，江松敏，赵寿元，等译. 北京：高等教育出版社：125-217

学时三十一　操纵子调控模型

课时来源	第九章　基因表达调控
教学内容	1. 原核基因转录调节的特点 2. 操纵子调控模型
教学目的	1. 掌握原核基因转录调节蛋白与启动子的互作 2. 掌握操纵子调控模式在原核基因转录起始调节中具有普遍性
设计思想	原核生物在发育过程中表现出对环境条件的高度适应性，可根据环境条件的变化，迅速调节各种不同基因的表达水平。这说明，原核生物具有严格的基因表达调控机制，原核生物基因表达的调控主要发生在转录水平 　　本节课的教学主要围绕以下两点：一是掌握原核生物基因转录调节的特点，以及基因转录表达活跃区。二是掌握操纵子调控模型，主要为原核基因的乳糖操纵子模型和色氨酸操纵子模型 　　在实施整合式生物化学教学过程中，**教师通过案例1（原核生物基因表达调控的模式）**，在分析讨论的基础上归纳出要掌握的生物化学知识要点，明确基因表达调控区的互作。**通过案例2（原核基因的乳糖操纵子模型）**，以原核基因的乳糖操纵子为中心轴，采用问题启发教学法逐层引出各知识点，展示原核生物基因表达的调控过程，明确乳糖操纵子的"开"与"关"是在两个相互独立的正、负调节因子的作用下实现的。因此，在学习本节时学生要结合模型，避免机械学习，真正做到融会贯通，这样既可加深对理论的理解，也有助于实践的应用
教学重点	基本知识点1：乳糖操纵子模型 基本知识点2：色氨酸操纵子模型
教学难点	**1. 案例分析中涉及的代表性的研究工作：乳糖操纵子模型** 　　难点说明：操纵子是原核生物基因表达调控的主要模式，乳糖操纵子模型可以很清楚地说明原核生物基因表达的调节机制，因此是教学的重点同时也是难点

教学难点	**解决方法：采用案例分析和启发式教学**。20世纪40～60年代，法国巴黎巴斯德研究所的 Monod 和 Jacob 对大肠杆菌乳糖发酵过程酶有关突变型进行广泛深入的研究，提出乳糖操纵子模型。通过实验逐步进行启发式教学，激发学生学习兴趣和生物化学的实验性思维，加深学生对原核生物基因表达调节机制的掌握
	2. 案例分析中涉及的代表性的研究工作：色氨酸操纵子模型
	    难点说明：操纵子是原核生物基因表达调控的主要模式，色氨酸操纵子模型可以很清楚地说明原核生物基因表达的调节机制，因此是教学的重点同时也是难点
	    解决方法：采用案例分析和启发式教学

教学进程与
方法手段
	教学进程 1：利用归纳和演绎法介绍基础知识点，即反馈调节、别构调节和共价修饰调节
	课程导入：自然界存在的酶调节现象
	课程讲授：
	    首先，利用生动形象的例子指出分子水平上酶活性调节的三个层次，即反馈调节、别构调节和共价修饰调节
	    其次，通过对比的方式进一步类比共价修饰调节和别构调节的不同，指出共价修饰调节修饰基团是以共价键和酶分子结合，且因修饰过程是酶促反应，故对调节信号有放大效应
	    最后，以图示和动画结合的形式介绍磷酸化酶激活的级联反应。由于学生已经学过物质能量代谢调节的基本内容，本教学环节的展示是对之前课程的归纳和总结，找出物质代谢的共性，在授课时以重点为主，着重突出酶的共价修饰调节磷酸化酶激活的级联反应
	教学进程 2：利用案例分析和启发式教学法，即强调原核生物和真核生物基因表达调控的案例，以"乳糖操纵子调控模型"为例。
	课程导入：介绍"乳糖操纵子学说"的提出者，强调乳糖操纵子是原核生物基因表达转录环节中关键基因表达调控模型，带领学生进入新课题的学习
	课程讲授：
	    首先，使用示意图，在图上标注出各个部位的名称，逐一向学生介绍，并简要说明其作用。这一环节旨在让学生了解乳糖操纵子的 DNA 序列特征，为下面环节的学习打下基础。帮助学生理清乳糖操纵子的结构及其作用，即调节基因和结构基因可转录并编码蛋白质；而启动子上有 RNA 聚合酶的结合位点，RNA 聚

教学进程与 方法手段	合酶识别此位点并与之结合；操纵基因则可以与阻抑物结合而阻止 RNA 聚合酶与启动子的结合，从而阻止转录的进行；乳糖等诱导物可以与阻抑物蛋白结合使之构象改变，失去与操纵基因结合的能力，从而开始转录过程。操纵基因是"门"，阻抑物蛋白是"锁"，乳糖等诱导物是"钥匙" 　　其次，以模型图为辅助，说明原核生物体内乳糖的利用，讲解原核生物利用乳糖的过程，以及在过程中涉及的各种酶。用模型图的方式进行讲解，使作用机理更加形象、简明，方便学生理解、掌握。本环节让学生深入了解原核生物利用乳糖的过程，有利于乳糖操纵子调控模型的学习 　　再次，展示乳糖操纵子的调控模型和相应的动画，在此过程中涉及葡萄糖和乳糖，这两种物质含量的多少会影响操纵子的调控过程，因此分 4 种情况分别进行说明，并分别强调过程中的各物质的变化及其各物质之间的关系，同时配合板书，使之更明确。加入板书设计，明确在葡萄糖和乳糖协调存在下，乳糖的代谢调节 　　最后，进行课堂思考。让学生结合课上所学，在课下进行积极思考
教学评价与 教学检测	**题目 1：乳糖操纵子的正负调控机制** 　　**解题思路：**①乳糖操纵子（lac）是由调节基因（*lac I*）、启动子（*lac P*）、操纵基因（*lac O*）和结构基因（*lac Z*、*lac Y*、*lac A*）组成的。*lac I* 编码阻遏蛋白，*lac Z*、*lac Y*、*lac A* 分别编码 β-半乳糖苷酶、β-半乳糖苷透性酶和 β-半乳糖苷转乙酰基酶。②阻遏蛋白的负性调控。当培养基中没有乳糖时，阻遏蛋白结合到操纵子中的操纵基因上，阻止了结构基因的表达；当培养基中有乳糖时，乳糖（真正起作用的是异乳糖）分子和阻遏蛋白结合，引起阻遏蛋白构象改变，不能结合到操纵基因上，使 RNA 聚合酶能正常催化转录操纵子上的结构基因，即操纵子被诱导表达。③cAMP-CAP 是一个重要的正调节物质，可以与操纵子上的启动子区结合，启动基因转录。培养基中葡萄糖含量下降，cAMP 合成增加，cAMP 与 CAP（分解代谢物激活蛋白质）形成复合物并与启动子结合，促进乳糖操纵子的表达。④协调调节。乳糖操纵子调节基因编码的阻遏蛋白的负调控与 CAP 的正调控，互相协调，互相制约 　　该题目的设置在于检测学生对本节知识点的把握，培养学生综合分析问题的能力及逻辑思维能力，激发学生对生物学知识的兴趣

教学评价与 教学检测	**题目 2：CAP 对乳糖操纵子模型的调节方式** 　　解题思路：CAP 的正性调节，即在启动子上游有 CAP 结合位点，当大肠杆菌从以葡萄糖为碳源的环境转变为以乳糖为碳源的环境时，cAMP 浓度升高，与 CAP 结合，使 CAP 发生变构，CAP 结合于乳糖操纵子启动序列附近的 CAP 结合位点，激活 RNA 聚合酶活性，促进结构基因转录，调节蛋白结合于操纵子后促进结构基因的转录，对乳糖操纵子实行正调控，加速合成分解乳糖的 3 种酶 该题目的设置主要在于帮助学生构建知识的框架，对知识进行进一步的梳理总结，使学生举一反三，学以致用
学术拓展	**1. 代表性生物化学研究工作 1：**Muller-hill B. 1996. The Lac Operon：A Short History of A Genetic Paradigm. New York：Walter de Gruyter. 　　其详细介绍了乳糖操纵子模型 **2. 代表性生物化学研究工作 2：**孙大业，郭艳林，马力耕. 2000. 细胞信号转导. 2 版. 北京：科学出版社 　　2~51 页讲述了 G 蛋白的结构及其信号转导功能；52~67 页讲述了 cAMP 的发现和第二信使学说的提出及作用机制；143~156 页讲述了蛋白质的可逆磷酸化及其对基因表达的调控 **3. 推荐阅读文献：**Jacob F，Monod J. 1961. Genetic regulation mechanisms in the synthesis of proteins. Jmol Biol，3：318-356 　　其讲述了 Jacob 和 Monod 的乳糖操纵子学说
主要参考文献	1. 王镜岩. 2002. 生物化学：下册. 3 版. 北京：高等教育出版社：1-22 2. 马文丽. 2014. 生物化学. 2 版. 北京：科学出版社 3. 张丽萍，杨建雄. 2015. 生物化学简明教程. 5 版. 北京：高等教育出版社：341-351 4. Nelsow DL，Cox MM. 2000. Lehninger Principles of Biochemistry. 3rd ed. New York：Worth Publishers：1155-1198 5. Nelsow DL，Cox MM. 2000. Lehninger 生物化学原理（中文版）. 3 版. 周海梦，昌增益，江凡，等译. 北京：高等教育出版社：938-973

学时三十二　G 蛋白偶联受体

课时来源	第十章　细胞信号转导
教学内容	1. G 蛋白 　1.1 G 蛋白的结构 　1.2 G 蛋白的功能 2. G 蛋白偶联受体 　2.1 G 蛋白偶联受体的结构 　2.2 G 蛋白偶联受体的作用机制 3. G 蛋白偶联受体的研究发展
教学目的	1. 掌握 G 蛋白的基本结构和其"分子开关"的功能 2. 掌握 G 蛋白偶联受体的结构和其信号转导的作用机制 3. 理解并能复述 G 蛋白偶联受体的研究发展及其在疾病治疗方面的应用
设计思想	本节是第十章细胞信号转导中的内容,教学大纲把 G 蛋白偶联受体(GPCR)及其研究发展的教学目标设为掌握层次,即要求学生对 G 蛋白偶联受体这一内容有较深刻的认识,并能综合、灵活地运用所学的知识解决实际问题 　　在之前课程的学习中,学生已经掌握了蛋白质和受体相关的基本知识,在此基础上,本节课将要引导学生进行 G 蛋白偶联受体及其信号转导的机制与 G 蛋白偶联受体的作用机制及其研究发展的学习 　　本节课的教学主要围绕以下三点:一是让学生掌握 G 蛋白的基本结构和其"分子开关"的功能,即活化型和非活化型两种构象形式的变化。二是让学生掌握 G 蛋白偶联受体的结构和其信号转导的作用机制,通过科学的教学设计激发学生的学习兴趣,培养学生积极学习的态度。三是理解并能复述 G 蛋白偶联受体的研究发展及其在疾病治疗方面的应用 　　在实施整合式生物化学教学过程中,教师通过展示 2012 年诺贝尔化学奖获奖人大笑的照片,引起学生的兴趣,进而引出讲解的话题,进行详细的讲解;然后播放 G 蛋白偶联受体作用机制的视频,让学生加深对 G 蛋白偶联受体作用机制的理解

教学重点	基本知识点1：掌握G蛋白的基本结构 基本知识点2：掌握G蛋白偶联受体的基本结构和作用机制 基本知识点3：G蛋白偶联受体在阿尔兹海默病治疗上的应用
教学难点	**G蛋白偶联受体的作用机制** 　　**难点说明**：由于G蛋白偶联受体的作用机制是分子水平的抽象知识，学生没有任何感性经验，学生不易理解，因此将其作为教学难点 　　**解决方法**：采用讲授法和直观法。G蛋白偶联受体的作用机制中，涉及G蛋白的基本结构和其活化型（激活态）和非活化型（失活态）两种构象形式的变化，另外涉及蛋白激酶的激活等过程。所以，教师先以讲授法为主，让学生了解G蛋白偶联受体在信号转导中的具体过程。在学生大致掌握了G蛋白偶联受体作用机制时，通过播放G蛋白偶联受体作用的动画视频，加深学生对这一过程的理解
教学进程与 方法手段	**教学进程1**：利用图片展示引出基础知识点，即**G蛋白和G蛋白偶联受体** **课程导入**：以2012年诺贝尔化学奖得主大笑的图片为切入点，通过对图片的提问，引出本节课要讲的内容 **课程讲授**： 　　首先，利用2012年诺贝尔化学奖得主大笑的图片展示，引出本节要讲的知识点，即G蛋白偶联受体 　　其次，以图示的形式，向学生讲解G蛋白和G蛋白偶联受体的基本知识。本部分分3个方面进行讲述：第一，G蛋白的基本结构，由α，β，γ三个不同亚基组成，以及这3个亚基各有不同的功能；第二，G蛋白具有两种不同的构象形式，即活化型和非活化型，通过向学生讲解G蛋白在这两种构象形式之间的变化，让学生了解G蛋白被称为"分子开关"的原因；第三，G蛋白偶联受体的基本结构，通过图片的展示，让学生掌握G蛋白偶联受体7个跨膜结构域，并且让学生掌握G蛋白偶联受体作为一条多肽链的基本结构 　　最后，结合图示介绍G蛋白偶联受体在信号转导过程中的作用过程，让学生掌握G蛋白偶联受体的作用机制，并且通过播放G蛋白偶联受体作用机制的动画视频，加深学生对这一知识的理解 **教学进程2**：引入G蛋白偶联受体与阿尔兹海默病的致病机制

教学进程与 方法手段	课程导入：2012 年诺贝尔奖 课程讲授： 　　首先，利用图片展示两位获得 2012 年诺贝尔奖的科学家罗伯特和布莱恩的照片，以及其做出的贡献和研究成果，引出 G 蛋白偶联受体 　　其次，讲述 G 蛋白偶联受体在人体中的作用方式及其功能，说明它可以治疗某些疾病，其中包括阿尔兹海默病。根据阿尔兹海默病某一方面的致病原因推理出通过研究 G 蛋白偶联受体家族中的阿片受体，可以找到治疗这个疾病的物质 　　再次，通过一个小实验（灌胃和水迷宫实验），验证了阿片受体的拮抗剂纳曲吲哚对该疾病有治疗作用，回顾实验过程，总结理论知识。并且引出研究 G 蛋白偶联受体得到其他的治疗药物 　　最后，总结药物研究现状及 G 蛋白偶联受体研究发展的热点问题，鼓励学生积极参与科学研究
教学评价与 教学检测	题目：简述一下你对 G 蛋白的了解 　　解题思路：①G 蛋白的结构，其由 α，β，γ 3 个不同亚基组成，其中 α 亚单位是最主要的功能亚单位，不仅具有结合 GTP 或 GDP 的能力，还具有 GTP 酶活性；而 β 和 γ 亚单位通常形成功能复合体发挥作用。②G 蛋白的分子构象依其结合的鸟苷酸不同而异，与 GDP 结合为 G 蛋白三聚体-GDP 复合物呈失活态，与 GTP 结合则为激活态。G 蛋白在激活态和失活态两种构象之间相互变换，发挥信号转导的"分子开关"作用
学术拓展	**1. 代表性生物化学研究工作 1**: Gillis AJ, Schuller AP, Skordalakes E. 2008. Structure of the Tribolium castaneum telomerase catalytic subunit TERT. Nature，455（7213）：633-637 　　其详细介绍了 G 蛋白受体的发现 **2. 代表性生物化学研究工作 2**：Verdun RE, Karlseder J. 2007. Replication and protection of telomeres. Nature，447（7147）：924-931 　　其对 G 蛋白受体作用机理进行了阐述 **3. 代表性生物化学研究工作 3**：Jaskelioff M, Muller FL, Paik JH, et al. 2011. Telomerase reactivation reverses tissue degeneration in aged telomerase-deficient mice. Nature，469（7328）：102-106 　　端粒酶的重新激活能逆转老化的端粒小鼠的组织退化

学术拓展	**4. 代表性生物化学研究工作 4**: Scientific background on the Noble Prize in Chemistry 2012: Studies on the G-proten-coupled receptors 　　2012 年诺贝尔生理学或医学奖: 关于 G 蛋白受体及作用机理的研究 **5. 代表性生物化学研究工作 5**: Nelson DL, Cox MM. 2000. Lehninger Principles of Biochemietry. 3rd ed. New York: Worth Publishers
主要参考文献	1. 马文丽. 2017. 生物化学. 8 版. 北京: 科学出版社: 275-295 2. 朱大年. 2008. 生理学. 7 版. 北京: 人民卫生出版社: 9-46 3. Scientific background on the Noble Prize in Chemistry 2012: Studies on the G-proten-coupled receptors 4. Nelson DL, Cox MM. 2000. Lehninger Principles of Biochemietry. 3rd ed. New York: Worth Publishers

学时三十三　植物激素的信号转导模式

课时来源	第十章　细胞信号转导
教学内容	1. 植物激素信号转导过程中受体蛋白因子的研究进展 2. 油菜素内酯的信号转导模式
教学目的	1. 掌握常见的植物激素信号识别受体 2. 掌握油菜素内酯的细胞信号转导模式
设计思想	本专题引入植物激素研究前沿知识，属于基础扩展内容。新课程的设计提出了 4 个理念，即提高生物科学素养，面向全体学生，倡导探究式学习，注重与生物学前沿知识的展示 　　目前，植物激素作用分子机理的研究不仅是生命科学领域中的重大课题，也是当前国际基础研究的重点和热点。已知的经典的五大类植物激素分别为：生长素、赤霉素、细胞分裂素、脱落酸和乙烯。油菜素内酯（BR）是近年来发现的植物体内分布最广、功能最为显著的第六类植物激素。本节课结合当前学术界研究的热点，着重讲解植物激素信号转导过程 　　本节课的教学主要围绕以下两点：一是让学生掌握五大类植物激素直接作用受体蛋白的类型及其调节模式；二是以油菜素内酯为例分析 BR 细胞信号转导模式。结合当前国际基础研究的热点，运用**比较和分类法**，归纳植物激素信号识别过程中关键受体蛋白因子。运用**分析和综合法**，分析油菜素内酯信号转导过程中（信号识别环节、信号转导环节和信号诱导环节）的 3 类受体蛋白因子，结合研究前沿归纳出油菜素内酯的信号转导模型
教学重点	基本知识点 1：掌握植物激素及其信号识别受体 基本知识点 2：油菜素内酯的细胞信号转导
教学难点	**1. 案例分析中涉及的代表性的研究工作**：掌握植物激素及其信号识别受体的研究进展

教学难点	难点说明：植物激素信号转导过程中，位于细胞膜上的植物激素信号识别环节的关键受体蛋白因子，是目前已知唯一一类与植物激素信号直接结合的受体蛋白。植物激素信号识别环节的受体蛋白因子是植物激素领域的研究热点 解决方法：采用比较和分类法。比较分析生长素、赤霉素和脱落酸3种天然植物激素受体结构的发现及其作用机制的研究进展。虽然目前已经发现并证实了多种植物激素受体蛋白，其中有些已得到晶体结构，但并不能说明每种植物激素只有唯一的受体，因此分离及鉴定新的受体蛋白依然具有很重要的意义 **2. 案例分析中涉及的代表性的研究工作：以油菜素内酯为例分析 BR 细胞信号转导模式** 难点说明：分析油菜素内酯信号转导过程中（信号识别环节、信号转导环节和信号诱导环节）的3类受体蛋白因子，归纳油菜素内酯信号转导过程中受体蛋白因子间的信号转导模式 解决方法：采用分析和综合归纳法。信号转导过程中关键受体蛋白因子是信号转导的载体，在信号转导的3个环节均离不开受体蛋白因子的参与。通过对油菜素内酯信号转导前沿研究成果的分析，归纳出学术界公认的油菜素内酯信号转导过程中（信号识别环节、信号转导环节和信号诱导环节）的3类受体蛋白因子。同时，综合前人的研究结论，归纳油菜素内酯的信号转导过程中受体蛋白因子间信号转导模式

教学进程与方法手段	**教学进程1**：利用**比较和分类法**介绍基础知识点，即分析生长素、赤霉素和脱落酸
	课程导入：3种天然植物激素受体及其作用机制的研究进展
	课程讲授：
	  首先，通过文献的呈现，比较生长素、赤霉素和脱落酸3种植物激素在信号转导的3个环节的关键受体蛋白因子有哪些
	  其次，以归纳总结的方法对以上3种植物激素的受体蛋白因子进行分类总结
	  最后，进一步对比生长素、赤霉素和脱落酸3种植物激素在信号转导的作用模式有何异同
	教学进程2：利用**分析和综合归纳法**介绍基础知识点，即以油菜素内酯为例分析 BR 细胞信号转导模式
	课程导入：以农业、林业生产中常见的生物学现象导入新课，引入"植物激素调节"的课题

教学进程与方法手段	**课程讲授：** 　　首先，通过图片展示对油菜素内酯进行概述。从两个方面进行介绍：第一，油菜素内酯的定义、分布、化学结构、英文简称；第二，油菜素内酯的生物学功能。这一环节旨在让学生了解油菜素内酯，为下面环节的学习打下基础 　　其次，展示油菜素内酯受体的结构式，明确指明油菜素内酯受体分为三类：①BR 信号识别的受体，用 BRI1 的开关模型进行说明；②BR 信号转导的受体，即 BIN2 蛋白；③BR 信号诱导的受体，即 BZR1 和 BES1 蛋白，用关联图的方式进行讲解，使作用机理更加形象、简明，方便学生理解、掌握。本环节让学生深入了解油菜素内酯的受体种类及其各自所要发挥的作用，为 BR 信号转导模型的构建埋下伏笔 　　再次，采用动画和图示来介绍 BR 信号转导模型，分两种情况进行讲述，即当体内 BR 信号含量饱和时、当体内 BR 信号含量下降时 　　最后，课堂小结。用一个整体的模式图进行本节的课堂小结，带领学生一起进行知识梳理，使知识易于理解，便于学生掌握
教学评价与教学检测	**题目 1：分析生长素、赤霉素和脱落酸在信号转导过程中的异同** 　　解题思路：生长素、赤霉素和脱落酸在信号转导过程中均经历了激素信号识别、转导和诱导 3 个环节。以上 3 种激素在信号转导环节均有其特定的信号受体因子参与，虽然目前已经发现并证实了多种植物激素受体蛋白，其中有些已得到其晶体结构，但并不能说明每种植物激素只有唯一的受体，因此分离及鉴定新的受体蛋白依然具有很重要的意义。目前，我们也只是了解了植物激素信号转导过程中一个小小的环节，其调控植物生长的完整机制并未被完全认识，植物激素受体作用机制研究之路还很漫长。此项研究的一个重要意义在于：其可以使人们真正了解植物生长的奥秘所在，有助于设计更为高效的人工植物激素，从而开启利用外源物调控植物生长的新时代 　　该题目的设置主要是为了培养学生综合分析的能力及逻辑思维能力，对知识点异同的分析也便于学生更好地对内容进行理解和掌握 **题目 2：油菜素内酯受体因子调节下的信号转导模式是什么**

教学评价与 教学检测	解题思路：BR 与细胞膜表面受体激酶 BRI1 结合并被感知，BRI1 与共受体 BAK1 相互结合，形成异二聚体，自磷酸化或相互磷酸化。负调控蛋白 BKI1（BRI1 kinase inhibitor 1）在 BR 没有感知的情况下与 BRI1 结合，阻止 BRI1 与其共受体 BAK1 结合而负调控 BR 信号通路，当 BR 受体 BRI1 感知到 BR 信号后磷酸化 BKI1，使 BKI1 从细胞膜上解离到细胞质中，BAK1 因而能与 BRI1 结合。激活的 BRI1-BAK1 磷酸化下游激酶 BSKs（BR signaling kinases），BSKs 可能激活下游的磷酸酶 BSU1，磷酸化后的 BSU1 将信号传给 BIN2，使 BIN2 蛋白磷酸化，BIN2 磷酸化后可自由穿梭进细胞核，进入细胞核后，BIN2 可以磷酸化转录因子 BES1 和 BZR1，磷酸化的 BES1 和 BZR1 滞留在细胞核内，且一类磷酸酶 PP2A 能去磷酸化 BES1 和 BZR1 转录因子，BES1 和 BZR1 可以分别与下游靶基因启动子上特定区域结合，激活转录，其中 BES1 开启 BR 分解代谢基因表达，BZR1 关闭 BR 合成基因表达。正是这两种转录因子的磷酸化与否来调节植物体内 BR 含量的平衡 　　该题目的设置主要在于培养学生理论联系实际的能力，激发学生对知识点的兴趣，并能使学生举一反三，灵活运用知识解决现实生活的问题
学术拓展	**1. 代表性生物化学研究工作 1**：Kinoshita T，Caño-Delgado A，Seto H，et al. 2005. Binding of brassinosteroids to the extracellular domain of plant receptor kinase BRI1. Nature，433（7022）：167 　　其详细介绍了油菜素内酯的信号识别受体蛋白 BRI1 **2. 代表性生物化学研究工作 2**：Tang W，Kim TW，Oses-Prieto JA，et al. 2008. BSKs mediate signal transduction from the receptor kinase BRI1 in arabidopsis. Science，321（5888）：557 　　其详细介绍了细胞膜上 BR 信号识别受体 BRI1 复合体的开关式调控模型 **3. 代表性生物化学研究工作 3**：Ryu H，Kim K，Cho H，et al. 2007. Nucleocytoplasmic shuttling of BZR1 mediated by phosphorylation is essential in *Arabidopsis* brassinosteroid signaling. Plant cell，19（9）：2749 　　其详细介绍了细胞核内 BR 信号诱导受体 BZR1 作用模式

学术拓展	**4. 代表性生物化学研究工作 4**：Ye H，Yin Y. 2012. MYBL2 is a substrate of GSK3-like kinase BIN2 and act as a corepressor of BES1 in brassinosteroid signaling pathway in *Arabidopsis*. PNAS，109（49）：20142 　　其详细介绍了细胞核内 BR 信号诱导受体 BES1 作用模式 **5. 推荐阅读文献**：Yin Y，Vafeados D，Tao Y，et al. 2012. A new class of transcription factors mediates brassinosteroid-regulated gene expression in *Arabidopsis*. Cell，120（2）：249-259
主要参考文献	1. 王镜岩. 2002. 生物化学：下册. 3 版. 北京：高等教育出版社：517-537 2. 马文丽. 2014. 生物化学. 2 版. 北京：科学出版社：275-295 3. 张丽萍，杨建雄. 2015. 生物化学简明教程. 5 版. 北京：高等教育出版社：99-109

学时三十四　细胞自噬

课时来源	学术前沿
教学内容	1. 细胞自噬的发现及应用前景 2. 大隅良典关于细胞自噬的内容
教学目的	1. 细胞自噬的发现 2. 细胞自噬的实验 3. 掌握细胞自噬的分子作用机制过程 4. 掌握细胞自噬对人体的作用
设计思想	得益于大隅良典及后来者的研究，我们现在知道，自噬控制着重要的生理功能。自噬能快速地为体内能量（energy）提供燃料，因此对"细胞对饥饿的响应"及其他类型的压力至关重要。被感染之后，自噬能消灭掉入侵的细菌和病毒。自噬还影响着胚胎的发展和细胞变异。此外，细胞还利用自噬来消除受损的蛋白质和细胞器。这是一种高质量的控制机制，对抵抗年老所导致的不良影响至关重要
教学重点	基本知识点1：掌握细胞自噬的分子作用机制过程 基本知识点2：掌握细胞自噬对人体的作用机制
教学难点	**1. 细胞自噬对人体疾病的作用机制** 　　**难点说明**：细胞自噬对人体疾病的作用机制十分复杂，各种复杂蛋白质的名称较难记忆，过程也较难理解 　　**解决方法**：采用图示法。通过用带有反应流程的图片来讲解作用过程，可以将反应的过程比较清晰地展现给学生，使学生更好地理解和记忆整个作用过程 **2. 细胞自噬在人体细胞中的作用机制** 　　**难点说明**：通过吞噬细胞自身的细胞器或蛋白质并在溶酶体中进行降解，从而使构成各类细胞内组分的小分子物质得到回收再利用。这一过程复杂易混淆，不容易使学生掌握和记忆

教学难点	**解决方法：采用图示法。**通过用带有反应流程的图片来讲解反应机制，可以将反应的过程比较清晰地展现给学生，使学生更好地理解和记忆整个作用过程
	
	3. 细胞自噬的作用及细胞自噬与细胞凋亡之间的联系
	    难点说明：细胞自噬的研究是目前生物生化研究的重点，而需了解细胞自噬及细胞凋亡是两个完全不同的过程。这两个过程复杂易混淆，学生不容易掌握和记忆
	    解决方法：采用图示法。通过用带有反应流程的图片来讲述细胞自噬的过程，将细胞自噬和细胞凋亡的关系用表格的形式罗列

教学进程与
方法手段
	教学进程 1：通过**案例教学法和启发教学法**相结合的方法重点介绍基础知识点，即自噬的命名
	课程导入：利用一位在 2016 年因为阐明细胞自噬的分子机制和生理功能而获得诺贝尔生理学或医学奖的科学家作为切入点，激发学生学习的兴趣，引出课题
	课程讲授：
	    讲授大隅良典的经典性实验
	    首先，介绍大隅良典的酵母菌实验，大隅良典研究了上千种酵母细胞的突变型，识别出 15 种和自噬有关的关键基因。结果显示，自噬过程是由大量蛋白质和蛋白质复合物所控制的，每种蛋白质负责调控自噬体启动与形成的不同阶段
	教学进程 2：重点介绍细胞自噬在人体内的作用过程及其与人类疾病的关系
	课程导入：那么其他的生物里有没有对应的机制来控制自噬过程呢，接下来向学生讲述细胞自噬在人体内的作用机理
	课程讲授：
	    由于大隅良典和紧随他步伐的研究者的工作，我们现在知道细胞自噬控制着许多重要的生理功能，涉及细胞部件的降解和回收利用
	    细胞自噬能快速提供燃料供应能量，或者提供材料来更新细胞部件，因此在细胞面对饥饿和其他种类的应激时，它发挥着不可或缺的作用。在遭受感染之后，细胞自噬能消灭入侵的细菌或病毒，自噬对胚胎发育和细胞分化也有贡献。细胞还能利用自噬来消灭受损的蛋白质和细胞器，这个过程对于抵抗衰老带来的负面影响有着举足轻重的意义

教学进程与 方法手段	通过对人类及小鼠模型的大量研究，人们发现遭到扰乱的自噬过程与帕金森病、2型糖尿病和老年人体内其他疾病都有所关联 自噬基因的突变可以导致遗传病，自噬机制受到的扰乱还与癌症有关。目前人们正在进行紧张的研究以开发药物，能够在各种疾病中影响自噬机制 **教学过程 3**：利用**分析和综合归纳法**介绍基础知识点，即本节课所学知识点 **课程导入**：首先一起回顾本节课所学内容 **课程讲授**： 　①自噬就是细胞降解回收自己零部件的过程；②这个过程能快速提供能量和材料用于应急；③还能用来对抗病原体、清除受损结构；④自噬机制的受损和帕金森病等老年疾病密切相关；⑤虽然人们早就知道自噬存在，但是只有在大隅良典的精巧实验之后，人们才意识到它的机制、懂得了它的重要性 **教学进程 4**：通过**案例教学法**介绍细胞自噬对人体的作用和细胞自噬在疾病治疗方面的应用前景 **课程导入**：首先简单回顾细胞自噬的概念，通过一张细胞自噬泡在人体中生成的图片导入课程 **课程讲授**： 　首先提出一个观点"细胞自噬对人类是一把双刃剑"，也就是说，细胞自噬对于人体来说既有正面的意义，也有负面的作用 　一方面，细胞自噬在人体中发挥着重要的作用，通过 PPT 展示给学生 　另一方面，细胞自噬还与人体的一些疾病有关，列举细胞自噬在人体疾病方面的研究热点，以其中的肿瘤和阿尔茨海默病为例，简单介绍细胞自噬对该类疾病的作用机制 　正常生理情况下，细胞自噬有利于细胞保持自稳状态；在发生应激时，细胞自噬防止有毒或致癌的蛋白质在细胞器的累积，抑制细胞癌变；然而肿瘤一旦形成，细胞自噬为癌细胞提供更丰富的营养，促进肿瘤生长。因此，在治疗方面，如何利用自噬来对抗肿瘤细胞仍具挑战性 　自噬过程中可产生 β-淀粉样蛋白（Aβ），同时自噬溶酶体系统也直接参与 Aβ 和 tau 蛋白清除机制。溶酶体功能障碍和自噬囊泡大量聚集导致 Aβ 和 tau 蛋白聚集，这可能是阿尔茨海默病的病因之一。基于此，恢复受损的自噬溶酶体功能在阿尔茨海默病治疗中具有重要的潜在价值

教学进程与 方法手段	同时，也论证了"细胞自噬对人类是一把双刃剑"这一观点 　　在细胞自噬与人体疾病方面，还有许多亟待攻破的难题，经过人类的努力，总有一天能够解决这些问题 **教学进程 5：**细胞自噬的场所 **课程导入：**介绍细胞自噬的发现及做出突出贡献的科学家 **课程讲授：** 　　首先，介绍 20 世纪 50 年代科学家发现细胞自噬的过程，并且将发现了的这个场所叫作溶酶体。随后，到了 60 年代，命名为自噬体，同时阐述了自噬现象。自此，细胞自噬现象有关的细胞器及基本过程已经被人们知道 **教学进程 6：**大隅良典的酿酒酵母细胞的实验 **课程导入：**2006 年，大隅良典获得诺贝尔奖，由此为切入点，讲述为什么大隅良典能时隔多年获奖呢 **课程讲授：** 　　首先，介绍大隅良典的实验材料——酿酒酵母。介绍酿酒酵母的优点，使大家了解其实验的基础。然后，描述大隅良典对酵母细胞所做的实验，利用饥饿的酵母细胞观察到酵母里存在自噬。最后，介绍大隅最重要的贡献是对基因的研究，从基因再上升到蛋白质水平，从而验证了"蛋白质是生命活动的承担者"，使学生加深理解 **教学进程 7：**通过**案例教学法和启发教学法相结合**的方法重点介绍基础知识点，即细胞自噬和细胞凋亡 **课程导入：**利用细胞自噬的独特性，以及细胞自噬与细胞凋亡的相关规律作为切入点，引起学生学习的兴趣，引出课题 **课程讲授：** 　　细胞自噬的发现是一个相对漫长的过程，细胞自噬是基本的生物学过程，是细胞在饥饿或其他形式的胁迫期间能够自动消化其自身的胞质成分。应了解细胞自噬的一般规律，并且将细胞自噬和细胞凋亡联系起来，共同了解
主要参考文献	1. 王海杰，谭玉珍. 2011. 细胞自噬研究技术进展及其应用. 中国细胞生物学学报，（7）：816-821 2. 王宠，张萍，朱卫国. 2010. 细胞自噬与肿瘤发生的关系. 中国生物化学与分子生物学报，26（11）：988-997 3. 翟中和，王喜忠，丁明孝. 2011. 细胞生物学. 4 版. 北京：高等教育出版社 4. Scherz-Shouval R，Shvets E，Fass E，et al. 2007. Reactive oxygen species are essential for autophagy and specifically regulate the activity of Atg4. EMBO Journal，26：1749-1760 5. Abraham MC，Shaham S. 2004. Death without caspases，caspases without death. Trends Cell Biology，14（4）：184-193

学时三十五　诱导多能干细胞的贡献

课时来源	学　术　前　沿
教学内容	1. 干细胞的研究历史及其分类 2. 多能干细胞的特点 3. 干细胞的研究应用及研究过程中存在的问题
教学目的	1. 了解干细胞及其分类 2. 掌握多能干细胞的定义 3. 掌握细胞核重新编程技术 4. 了解多能干细胞的研究应用及存在的问题
设计思想	干细胞是一类具有自我更新和分化潜能的细胞，尤其是在早期胚胎发育过程中，它可以产生构成身体器官各种类型的组织，生物学家又称它为"全能性细胞"，医学界称之为"万用细胞" 　　人类有很多疾病，如心肌梗死、糖尿病、帕金森病等，这些都和细胞（如脑细胞、心肌细胞、胰岛细胞）的死亡有关。诱导多能干细胞技术（IPSC）技术可以再造一种全新的、正常的甚至更年轻的细胞、组织或器官，用以治疗如脑瘫、中风、白血病、心肌梗死、糖尿病、帕金森病等多种用传统方法难以治愈的疾病，具有不可估量的资源价值，给人们带来了希望 　　IPSC 技术是干细胞研究领域的一项重大突破，它回避了历来已久的伦理争议，解决了干细胞移植医学上的免疫排斥问题，使干细胞向临床应用又迈进了一大步。随着 IPSC 技术的不断发展及技术水平的不断更新，它在生命科学基础研究和医学领域的优势已日趋明显 　　本节的核心内容是 IPSC 的研究过程。在教法设计上，讲解本节课时采用直观教学和讲授法。通过对干细胞研究过程的介绍，让学生有兴趣学习前沿知识；通过对 IPSC 的研究过程及其应用的讲解，使学生能够理解本节课的知识体系，构建完整的知识网络结构，提升和拓展专业知识；通过对 IPSC 研究应用的讲解让学生意识到 IPSC 在生活中扮演着越来越重要的角色。在学法设计上，让学生自主阅读，去建构和理解知识体系，培养学生积极的探究精神和对科学的探究欲

教学重点	基本知识点 1：多能干细胞的定义 基本知识点 2：诱导多能干细胞的研究过程 基本知识点 3：细胞核重新编程技术
教学难点	**1. 诱导多能干细胞的研究应用** **2. 诱导多能干细胞进程中存在的问题**

教学进程与
方法手段
	教学进程 1：通过对近几年的诺贝尔生理学或医学奖的介绍导入对 2012 年诺贝尔生理学或医学奖的讲述
	
	  获奖名称：诱导多功能干细胞的贡献
	  获奖时间：2012 年北京时间 10 月 8 日下午 5 点 30 分
	  获奖得主：约翰戈登和山中伸弥
	  获奖理由：发现成熟细胞可以被重编程变为多能性
	
	教学进程 2：介绍干细胞及其分类。干细胞是一类具有自我复制能力的多潜能细胞，在一定条件下可以分化为多种功能细胞
	
	  根据个体发育过程中出现的先后次序，干细胞可分为胚胎干细胞和成体干细胞。胚胎干细胞是一种高度未分化的细胞，它具有发育的全能性，能分化出成体动物的所有组织和器官；成体干细胞是存在于成年动物中的许多组织和器官如表皮和造血系统中，具有修复和再生能力的细胞，在特定条件下，成体干细胞可以产生新的干细胞
	
	  根据干细胞的分化潜能，可分为全能干细胞、多能干细胞和单能干细胞。全能干细胞是具有形成完整个体的分化潜能的细胞，可直接人体细胞克隆，如受精卵；多能干细胞是具有多种分化潜能的细胞，可以直接复制各种脏器和修复组织，但不具备发育成完整个体的能力，如造血干细胞；单能干细胞也称为专能、偏能干细胞，是只能向一种类型或密切相关的两种类型细胞分化的细胞，如肌肉中的成肌细胞
	
	教学进程 3：一直以来，人体干细胞都被认为是单向的，从不成熟细胞发展为专门的成熟细胞，生长过程不可逆转。然而，约翰戈登和山中伸弥教授发现，成熟的、专门的细胞可以重新编程，成为未成熟的细胞，并进而发育成人体的所有组织
	
	  出生于 1933 年的约翰戈登于 1962 年通过实验把蝌蚪的分化细胞的细胞核移植入卵母细胞质中，并培育出成体青蛙，这一实验首次证实分化了的细胞基因组是可以逆转变化的，具有划时代的意义

教学进程与 方法手段	出生于 1962 年的山中伸弥于 2006 年与其他科学家将 4 个关键基因通过逆转录病毒载体转入小鼠的成纤维细胞，使其变成多功能干细胞，这意味着未成熟的细胞能够发展成所有类型的细胞 **教学进程 4：诱导多能干细胞研究应用及其存在的问题** 　　诱导多能干细胞的应用非常得广泛，这里主要讲 3 个方面：药物研发；建立疾病模型；诱导细胞、组织、器官的形成 　　讲述一个事实例子，日本眼科专家高桥雅代用诱导多能干细胞治疗与年龄相关的视网膜退化疾病。让知识贴近现实，提高学生科学研究的兴趣，并且明白科学研究的重要性及科学研究给人们带来的无限价值 　　讲述诱导多能干细胞应用过程中的问题：安全性问题；诱导效率；源细胞的差别 　　采用归纳和概括法。培养学生对前沿知识的展示能力，注重学生对知识体系的理解，构建知识的网络结构，以及对知识的拓展和提升。采用问题引入法、归纳和概括法逐层引出各知识点，引入诱导多能干细胞等学术前沿知识。在学法设计上，让学生用自主阅读法、发现法去建构知识，培养科学兴趣
教学评价与 教学检测	**1. 什么是细胞核重新编程技术** 　　**解题思路：**所谓细胞核重新编程，是将成熟体细胞重新诱导回早期干细胞状态，以用于发育成各种类型的细胞，应用于临床医学，将细胞内的基因表达由一种类型变成另一种类型。通过这一技术，可将个体上较容易获得的细胞（如皮肤细胞）类型培育成另一种较难获得的细胞类型（如脑细胞）。更重要的是，这一技术的实现，将能避免异体移植产生的排异反应 **2. 诱导多能干细胞有哪些应用** 　　**解题思路：**诱导多能干细胞的研究大大改变了研制药品和进行安全性实验的方法。例如，新的药物治疗方法可以先用人类细胞系进行实验，建立癌细胞系。多能干细胞使更多类型的细胞实验成为可能，会使药品研制的过程更为有效，许多疾病及功能失调往往是由细胞功能障碍或组织破坏所致。多能干细胞经刺激后可发展为特化的细胞，使替代细胞和组织来源的更新成为可能，可用于治疗无数的疾病、身体不适状况和残疾，包括帕金森病、阿尔兹海默病、脊髓损伤、中风、烧伤、心脏病、糖尿病、骨关节炎和类风湿性关节炎

学术拓展	**1. 代表性生物化学研究工作 1**: Ge W, Zhe C. 2011. Progress regarding induction of pluripotent stem cells. Journal of Clinical Rehabilitative Tissue Engineering Research, 15（23）: 4344-4350 　　其详细介绍了诱导多能干细胞的进展 **2. 代表性生物化学研究工作 2**: Takahashi K, Tanabe K, Ohnuki M, et al. 2007. Induction of pluripotent stem cells from adult human fibroblasts by defined factors. Cell, 131（5）: 861-872 　　其详细介绍了从成人的成纤维细胞中产生多能干细胞 **3. 代表性生物化学研究工作 3**: Yu J, Vodyanik MA, Smugaotto K, et al. 2007. Induced pluripotent stem cell lines derived from human somatic cells. Stem Cell Rev, 8（2）: 693-702 　　其详细介绍了由人的体细胞诱导产生多能干细胞
主要参考文献	1. 邓君，陈晓，晏颖，等. 2013. 诱导多功能干细胞在视网膜疾病中的应用. 中国组织工程研究，17（36）: 6533-6540 2. 李婧，冯娟，王宪. 2013. 诱导多功能干细胞技术研究进展及应用——2012 年诺贝尔生理学或医学奖工作介绍. 生理科学进展，44（2）: 151-157 3. 王格，陈哲，武栋成. 2011. 诱导多功能干细胞的研究进展. 中国组织工程研究，15（23）: 4344-4350 　　其介绍了诱导多能干细胞的制备、生物学特性、优势及临床应用前景 4. 王永飞，马三梅，李宏业. 2014. 细胞工程. 北京：科学出版社

学时三十六　基因编辑技术

课时来源	学术前沿
教学内容	1. 基因编辑技术的研究进展 2. 基因编辑技术的作用机理
教学目的	1. 掌握常见的基因编辑技术 2. 掌握基因编辑的分子机理
设计思想	本专题引入基因编辑技术研究前沿知识，属于基础扩展内容。新课程的设计提出了 4 个理念：提高生物科学素养，面向全体学生，倡导探究式学习，注重与生物学前沿知识的展示 　　目前，基因编辑是指对基因组进行定点修饰的一项新技术。利用该技术，可以精确地定位到基因组的某一位点上，在这个位点上剪断靶标 DNA 片段并插入新的基因片段。此过程既模拟了基因的自然突变，又修改并编辑了原有的基因组，真正达成了"编辑基因"。本节课结合当前学界研究的热点，着重讲解基因编辑 　　本节课的主要教学目的是介绍 3 种基因编辑技术，分别为人工核酸酶介导的锌指核酸酶（zincfinger nuclease，ZFN）技术；转录激活因子样效应物核酸酶（transcription activator-like effector nucleases，TALEN）技术；RNA 引导的 CRISPR-Cas 核酸酶技术（CRISPR/Cas9） 　　结合当前国际基础研究的热点，运用**比较和分类法**，归纳基因编辑识别过程中关键转录因子。运用**分析和综合法**，分析三代基因编辑技术，结合研究前沿归纳出基因编辑的模型
教学重点	基本知识点 1：掌握常见的基因编辑技术 基本知识点 2：基因编辑的分子机理
教学难点	**1. 案例分析中涉及的代表性的研究工作：ZFN 基因编辑技术** 　　难点说明：ZFN 技术是第一代基因编辑技术，其功能的实现是基于具有独特的 DNA 序列识别的锌指蛋白发展起来的

教学难点	解决方法：采用比较和分类法。1986 年，Diakun 等首先在真核生物转录因子家族的 DNA 结合区域发现了 Cys2-His2 锌指模块，到 1996 年，Kim 等首次人工连接了锌指蛋白与核酸内切酶。2005 年，Urnov 等发现一对由 4 个锌指连接而成的 ZFN 可识别 24bp 的特异性序列，由此揭开了 ZFN 在基因组编辑中的应用 **2. 案例分析中涉及的具有代表性的研究工作：TALEN 基因编辑技术** 难点说明：2009 年，研究者在植物病原体黄单胞菌中发现一种转录激活子样效应因子，它的蛋白核酸结合域的氨基酸序列与其靶位点的核酸序列有较恒定的对应关系。随后，TALEN 特异识别 DNA 序列的特性被用来取代 ZFN 技术中的锌指蛋白。它可设计性更强，不受上下游序列影响，具备比 ZFN 有更广阔的应用潜力 解决方法：采用分析和综合归纳法。TALEN 包含两个 TALEN 蛋白，每个 TALEN 都是由 TALE array 与 Fok I 融合而成。其中一个 TALEN 靶向正义链上的靶标位点，另一个则靶向反义链上的靶标位点。然后，Fok I 形成二聚体，在靶向序列中间的 spacer 处切割 DNA，造成双链 DNA 断裂，随后细胞启动 DNA 损伤修复机制。针对不同的 TALEN 骨架，其最适宜的 spacer 长度不同，一般为 12~20bp。实验结果表明，TALEN 在靶向 DNA 时，第一个碱基为 T 时，其结合效果更佳 **3. 案例分析中涉及的代表性的研究工作：CRISPR/Cas9 基因编辑技术** 难点说明：1987 年，Ishino 等在 K12 大肠杆菌的碱性磷酸酶基因附近发现串联间隔重复序列，随后发现这种间隔重复序列广泛存在于细菌和古细菌的基因组中。经过几十年的研究，在 2007 年终于证明这种重复序列与细菌获得性免疫的关系 解决方法：采用分析和综合归纳法。CRISPR/Cas 系统由 Cas9 核酸内切酶与 sgRNA 构成。转录的 sgRNA 折叠成特定的三维结构后与 Cas9 蛋白形成复合体，指导 Cas9 核酸内切酶识别特定的靶标位点，在 PAM 序列上游处切割 DNA 造成双链 DNA 断裂，并启动 DNA 损伤修复机制。从不同菌种中分离的 CRISPR/Cas 系统，其 CrRNA（或者是人工构建的 sgRNA）靶向序列的长度不同，PAM 序列也可能不同。在这个系统中，只凭借一段 RNA 便能识别外来基因并将其降解的功能蛋白引起了研究者的兴趣。直到 2012 年，Jinek 等第一次在体外系统中证实 CRISPR/Cas9 为一种可编辑的短 RNA 介导的 DNA 核酸内切酶，标志着 CRISPR/Cas9 基因组编辑技术成功问世

教学进程与 方法手段	**教学进程 1**：利用**比较和分类法**介绍基础知识点 **课程导入**：基因编辑技术的原理和分类 **课程讲述**： 　　现代基因组编辑技术的基本原理是相同的，即借助特异性DNA双链断裂激活细胞天然的修复机制，包括以下两条途径 　　**一是非同源末端连接（NHEJ）**。其是一种低保真度的修复过程，断裂的 DNA 修复重连的过程中会发生碱基随机的插入或丢失，造成移码突变使基因失活，实现目的基因敲除。如果一个外源性供体基因序列存在，NHEJ 机制会将其连入双链断裂修复（iDSBs）位点，从而实现定点的基因敲入。**二是同源重组修复（HR）**。其是一种相对高保真度的修复过程，在一个带有同源臂的重组供体存在的情况下，供体中的外源目的基因会通过同源重组过程完整地整合到靶位点，不会出现随机的碱基插入或丢失。如果在一个基因两侧同时产生 DSB，在一个同源供体存在的情况下，可以进行原基因的替换 **教学进程 2**：利用**分析和综合归纳法**介绍基础知识点，即基因编辑技术的发展阶段 **课程导入**：以生物学现象导入新课，引入"基因编辑"课题 **课程讲述**： 　　首先，通过图片展示对基因编辑进行概述。从两个方面进行介绍：第一，基因编辑技术的定义；第二，基因编辑技术的生物学应用。这一环节旨在让学生了解基因编辑，为下面环节的学习打下基础 　　其次，展示基因编辑技术的三个层次，明确指明基因编辑技术三代。第一，ZFN 基因组编辑技术；第二，TALEN 基因组编辑技术；第三，CRISPR/Cas9 基因编辑技术 　　再次，采用动画和图示来介绍基因编辑模型 　　最后，进行课堂小结。用一个整体的模式图进行本节的课堂小结，带领学生一起进行知识梳理，易于理解，便于学生掌握
教学评价与 教学检测	**题目 1**：**2016 年 5 月 30 日，*Nature Methods* 上的一篇 "*Unexpected mutations after CRISPR-Cas9 editing in vivo*" 掀起轩然大波，短短几天，科学界已经是山雨欲来，无人不在谈论这篇文章。CRISPR为什么有这么大威力？您能否先简短介绍一下这项技术的由来**

教学评价与 教学检测	解题思路：30 年前，日本科学家石野良纯在克隆一个古细菌的目的基因时偶然发现一种特别的重复序列，随后 10 年，研究人员一直在试图破解这种存在于很多细菌和古细菌的神秘序列，并冠以 CRISPR 这么个古怪的名称，直到 10 年前它的神秘面纱才开始被逐步揭开，原来它是一种以病毒 DNA 序列为精准打击对象的"导弹防御系统"。近几年，以麻省理工学院实验室为首的科学家，把这种进化论产生的生物武器用在各个物种的基因改造上，并把它发挥到了极致，从果蝇到斑马鱼到老鼠到猴子，人们的工具箱里突然多了一种便捷高效的基因组编辑器，一种生命科学研究前所未有的利器，也让科学家插上了想象的翅膀，甚至可以想象利用这把利器来纠正人类的基因缺陷。很多投资人闻讯赶到，把大笔的资金投给了科学家创办的公司，有的公司甚至成为公众公司，很快老百姓也知道了，把更多的钱投给了他们，幻想着在不远的将来收获巨大的利益，这大概就是为什么 CRISPR 如此威力巨大 该题目的设置主要是为了培养学生理论联系实际的能力，激发学生对知识点的兴趣，并能使学生举一反三、灵活运用知识解决现实生活的问题

学术拓展	**1. 代表性生物化学研究工作 1**：Silvana K，Mark DB，Alexandro T，et al. 2013. Optical control of mammalian endogenous transcription and epigenetic states. Nature，500（7463）：472-476
	    其详细介绍了基因编辑技术
	2. 代表性生物化学研究工作 2：Lei SQ，Matthew HL，Luke AG，et al. 2013. Repurposing CRISPR as an RNA-guided platform for sequence-specific control of gene expression. Cell，152：1173-1183
	    其详细介绍了 CRISPR/Cas9 基因编辑技术
	3. 代表性生物化学研究工作 3：Cong L，Ran FA，Cox D，et al. 2013. Multiplex genome engineering using CRISPR/Cas systems. Trends in Genetics Tig，32（12）：815
	    其详细介绍了基因编辑技术的工作原理
	4. 代表性生物化学研究工作 4：Kabadi AM，Gersbach CA. 2014. Engineering synthetic TALE and CRISPR/Cas9 transcription factors for regulating gene expression. Methods，69（2）：188-197
	    其详细介绍了 TALEN 基因编辑技术的工作原理

主要参考文献	1. 杨荣武. 2007. 生物化学. 2 版. 北京:高等教育出版社:588-604 2. 马文丽. 2014. 生物化学. 2 版. 北京：科学出版社：335-361